全国高等院校计算机基础教育“十三五”规划教材
“互联网+”新形态优质教材

大学计算机
应用基础实验教程

主　编　朱家荣
副主编　余建芳　黄传金　农修德　张　云

内容简介

本书是《大学计算机应用基础》（朱家荣、农修德主编）的配套实验书，主要依据教育部高等学校计算机基础课程教学指导委员会编制的《高等学校计算机基础教学发展战略研究报告暨计算机基础课程教学基本要求》中有关“大学计算机基础”课程教学的要求而编写。实验采用的软件版本为 Windows 7、Word 2010、Excel 2010、PowerPoint 2010。

全书分为单项选择题、上机实验和模拟测试三部分。其中上机实验部分精心设计了16个实验，每个实验均配有相应的操作微视频；模拟测试部分收录了8套“大学计算机应用基础”期末无纸化考试模拟试题、8套全国计算机等级考试一级模拟试题，并在附录中给出单项选择题的参考答案，为帮助非计算机专业学生顺利通过一级考试提供方便。本书采用模块化编写方式，适应多层次分级教学的需要，满足不同学时的实验教学要求以及不同基础学生的学习需求。

本书选题经典，实验安排恰当，模拟试题紧跟考试潮流，与主教材相呼应，很好地弥补了学生实际操作能力训练的不足，适合作为高等学校计算机基础实验课程的教学用书，也可作为独立的实验教程教材、计算机等级考试（一级）的辅导用书和社会读者的自学参考用书。

图书在版编目（CIP）数据

大学计算机应用基础实验教程/朱家荣主编. —北京：中国铁道出版社，2019.2（2024.8 重印）
全国高等院校计算机基础教育“十三五”规划教材
ISBN 978-7-113-25311-0

Ⅰ. ①大… Ⅱ. ①朱… Ⅲ. ①电子计算机-高等学校-教材 Ⅳ. ①TP3

中国版本图书馆 CIP 数据核字(2019)第 027048 号

书　　名：大学计算机应用基础实验教程
作　　者：朱家荣

策　　划：韩从付　　**编辑部电话：**（010）51873202
责任编辑：刘丽丽　周海燕
封面设计：邵　宇
责任校对：张玉华
责任印制：樊启鹏

出版发行：中国铁道出版社有限公司（100054，北京市西城区右安门西街 8 号）
网　　址：https://www.tdpress.com/51eds/
印　　刷：北京铭成印刷有限公司
版　　次：2019 年 2 月第 1 版　2024 年 8 月第 8 次印刷
开　　本：787 mm×1 092 mm　1/16　**印张：**11.75　**字数：**300 千
书　　号：ISBN 978-7-113-25311-0
定　　价：36.00 元

前　言

本书是《大学计算机应用基础》（朱家荣、农修德主编）的配套实验教程，用于指导学生更好地完成实践环节，帮助教师更好地组织教学活动，也为不同起点的读者创设一个主动学习的条件，完成从实践到理解、从理解到应用的学习过程。

全书分为单项选择练习题、上机实验和模拟测试三部分。其中上机实验部分精心设计了16个实验，每个实验均配有相应的操作微视频；模拟测试部分收录了8套“大学计算机应用基础”期末无纸化考试模拟试题、8套全国计算机等级考试一级模拟试题，并在附录中给出单项选择题的参考答案，为指导非计算机类专业学生顺利通过一级考试提供方便。为了深化教育领域综合改革，深入贯彻党的二十大精神，加快推进党的二十大精神进教材、进课堂、进头脑，编者在实验中恰当地融入了党的二十大精神，充分发挥教材的铸魂育人功能。本书采用模块化编写方式，适应多层次分级教学的需要，满足不同学时的实验教学要求以及不同基础学生的学习需求。

本书由朱家荣（广西高等学校计算机基础课程教学指导委员会委员）任主编，余建芳、黄传金、农修德、张云四位“大学计算机应用基础”课程一线主讲教师任副主编。其中，单项选择题由黄传金、朱家荣编写，上机实验由余建芳、张云、朱家荣编写，模拟测试由朱家荣、农修德、余建芳编写，全书由朱家荣统稿与修订，上机实验操作微视频由黄传金录制。另外，本书得到了许多教师的帮助和支持，他们提出了许多宝贵的意见和建议，在此表示衷心感谢。

由于编写时间较仓促，加之计算机技术飞速发展，许多问题研究得不够深入，书中难免有疏漏和不妥之处，为便于我们今后对本书进一步修订、完善，恳请专家、教师及广大读者多提宝贵意见。

编　者

2023年7月

目　录

第一部分　单项选择题

第 1 章　计算机基础知识 2

1.1　计算机的发展 2

1.2　计算机的信息表示及转换 4

1.3　计算机病毒及其防治 8

第 2 章　计算机系统 13

2.1　计算机的硬件系统 13

2.2　计算机的软件系统 19

2.3　Windows 7 的管理功能 22

第 3 章　文字处理软件 Word 2010 27

3.1　Word 2010 概述 27

3.2　文档的基本操作 30

3.3　文档格式化 33

3.4　表格处理 35

3.5　在文档中插入对象 37

3.6　长文档编辑 39

第 4 章　电子表格处理软件 Excel 2010 41

4.1　Excel 2010 基础 41

4.2　输入与编辑数据 43

4.3　工作表格式化操作 44

4.4　公式和函数 45

4.5　专业函数 48

4.6　Excel 图表应用 49

4.7　Excel 数据应用与分析 50

第 5 章　演示文稿制作软件 PowerPoint 2010 53

5.1　PowerPoint 2010 概述 53

5.2 PowerPoint 2010 演示文稿的制作 54
5.3 PowerPoint 2010 演示文稿的放映 56
5.4 幻灯片制作的高级技巧 58
第 6 章 网络基础及 Internet 应用 59
6.1 计算机网络基础知识 59
6.2 Internet 基础 63
6.3 Internet 应用 66
第 7 章 多媒体技术 71
7.1 多媒体基础知识 71
7.2 多媒体工具软件 73
7.3 多媒体网络及新兴数字技术 76

第二部分 上机实验

实验 1 个性化桌面的设置与控制面板的使用 78
实验 2 管理计算机资源 80
实验 3 Windows 操作测试 82
实验 4 Word 2010 基本操作 83
实验 5 Word 2010 编辑技巧 85
实验 6 Word 2010 综合运用 88
实验 7 编辑科技论文 91
实验 8 学生成绩分析表的制作 93
实验 9 学生成绩表的数据管理及图表化 95
实验 10 Excel 2010 综合运用 96
实验 11 PowerPoint 2010 操作（一） 98
实验 12 PowerPoint 2010 操作（二） 99
实验 13 网络的配置 101
实验 14 网页浏览及使用 102
实验 15 电子邮件的使用 104
实验 16 网络信息的获取 105

第三部分　模拟测试

"大学计算机应用基础"期末无纸化考试模拟试题 1 107
"大学计算机应用基础"期末无纸化考试模拟试题 2 112
"大学计算机应用基础"期末无纸化考试模拟试题 3 117
"大学计算机应用基础"期末无纸化考试模拟试题 4 121
"大学计算机应用基础"期末无纸化考试模拟试题 5 126
"大学计算机应用基础"期末无纸化考试模拟试题 6 130
"大学计算机应用基础"期末无纸化考试模拟试题 7 134
"大学计算机应用基础"期末无纸化考试模拟试题 8 138
全国计算机等级考试一级考试模拟试题 1 143
全国计算机等级考试一级考试模拟试题 2 147
全国计算机等级考试一级考试模拟试题 3 151
全国计算机等级考试一级考试模拟试题 4 155
全国计算机等级考试一级考试模拟试题 5 159
全国计算机等级考试一级考试模拟试题 6 143
全国计算机等级考试一级考试模拟试题 7 167
全国计算机等级考试一级考试模拟试题 8 171

附　录

附录 A　单项选择题答案 175
附录 B　"大学计算机应用基础"期末考试模拟试题单项选择题参考答案 179
附录 C　全国计算机等级考试一级考试模拟试题单项选择题参考答案 180

第一部分
单项选择题

计算机基础知识

1.1 计算机的发展

1.1.1 计算机的诞生

考点：掌握世界公认的第一台电子计算机ENIAC诞生的时间、国家。

一、世界公认的第一台电子计算机ENIAC诞生于___1___。

1. A. 1946年　　B. 1642年　　C. 1671年　　D. 19世纪初

二、世界公认的第一台电子计算机ENIAC诞生于___2___。

2. A. 中国　　B. 美国　　C. 英国　　D. 日本

1.1.2 计算机的发展

考点：掌握世界计算机发展经历的四个阶段及其划分的依据，各个阶段所使用的物理器件。

三、从第一台电子计算机诞生迄今，计算机的发展经历了___3___个阶段。目前电子计算机已经发展到___4___计算机。

3. A. 6　　B. 5　　C. 4　　D. 3

4. A. 晶体管电路　　B. 集成电路
   C. 大规模和超大规模集成电路　　D. 电子管电路

四、通常情况下是按___5___来对计算机发展阶段进行划分的。

5. A. 主机物理器件的发展水平　　B. 运算速度
   C. 软件的发展水平　　D. 操作系统的类型

1.1.3 计算机的特点、分类及应用

考点：了解计算机的特点，掌握计算机的分类，能根据描述判断计算机的应用方向。

五、计算机最突出的特点是___6___。

6. A. 自动执行功能　　B. 运算速度快、精度高
   C. 逻辑判断准确　　D. 网络与通信功能

六、计算机分为巨型机、大型机、微型机、工作站和服务器，本质上是按计算机的___7___划分的。___8___计算机是价格便宜、使用方便的计算机。个人计算机属于___9___计算机。

7. A. 体积和存储容量　　B. 用途
C. 性能、规模和处理能力　　D. 处理数据的类型

8. A. 大型　　B. 巨型　　C. 服务器　　D. 微型

9. A. 大型　　B. 巨型　　C. 微型　　D. 工作站

七、按处理数据的类型划分，当前广泛使用的计算机属于＿10＿。

10. A. 数字计算机　　B. 模拟计算机
C. 混合计算机　　D. 小型计算机

八、计算机辅助教学的英文简写是＿11＿。对船舶、飞机、汽车、机械、服装进行设计、绘图属于＿12＿。

11. A. CAT　　B. CAD　　C. CAI　　D. CAM

12. A. 计算机科学计算　　B. 计算机辅助制造
C. 计算机辅助设计　　D. 实时控制

九、下列计算机技术的英文缩写和中文名字的对照中，正确的是＿13＿。

13. A. CAD——计算机辅助制造　　B. CAM——计算机辅助教育
C. CIMS——计算机集成制造系统　　D. CAI——计算机辅助设计

十、我国自行生产并用于天气预报计算的银河-Ⅲ型计算机属于＿14＿。办公自动化（OA）是计算机的一大应用领域，按计算机应用的分类，它属于＿15＿。

14. A. 大型　　B. 微型　　C. 巨型　　D. 工作站

15. A. 科学计算　　B. 辅助制造　　C. 信息处理　　D. 实时控制

十一、目前许多单位都使用计算机来计算和管理员工工资，这属于计算机在＿16＿领域的应用。数控机床、柔性制造系统、加工中心都是＿17＿的例子。

16. A. 科学计算　　B. 数据处理　　C. 过程控制　　D. 辅助工程

17. A. CAI　　B. CAD　　C. CAM　　D. CAT

十二、用计算机控制“神舟十号”飞船的发射，按计算机应用的分类，这属于＿18＿；用计算机进行语言翻译和语音识别，这属于＿19＿。

18. A. 科学计算　　B. 实时控制　　C. 数据处理　　D. 辅助设计

19. A. 科学计算　　B. 辅助设计　　C. 人工智能　　D. 实时控制

十三、有关计算机应用领域中的人工智能，下面叙述正确的是＿20＿。计算机的功能中不包括＿21＿。人造卫星的轨道测算和进行中长期天气预报属于计算机在＿22＿方面的应用。

20. A. 人工智能与机器智能不同
B. 人工智能就是要计算机做人做的所有事情
C. 计算机博弈属于人工智能的范畴
D. 专家系统不属于在人工智能方面的应用

21. A. 数值计算　　B. 创造发明　　C. 自动控制　　D. 辅助设计

22. A. 科学计算　　B. 实时控制　　C. 数据处理　　D. 辅助设计

1.1.4 计算机的未来

考点：了解未来计算机的种类，掌握计算机的发展方向及其具体内容。

十四、计算机的发展方向是巨型化、微型化、网络化和智能化。其中“巨型化”是指计算机___23___。

23. A. 功能更强、运算速度更高、存储容量更大
    B. 体积大　　C. 质量重　　D. 外围设备多

十五、用光信号进行运算、存储和处理，运算速度比传统计算机快上千倍，存储容量比传统计算机大好几万倍的新型计算机是___24___。

24. A. 光子计算机　B. 生物计算机　C. 超导计算机　D. 量子计算机

1.2 计算机的信息表示及转换

1.2.1 数据与信息

考点：了解数据与信息的含义、数据与信息的联系与区别。

十六、在计算机科学中，下面说法错误的是___25___。

25. A. 数据是指所有能输入到计算机并被计算机程序处理的符号的总称
    B. 信息是指能够用计算机处理的有意义的内容或消息，以数据的形式出现
    C. 信息不仅是数据的载体，也是数据处理的结果
    D. 信息具有针对性、时效性，是有意义的，而数据则没有

1.2.2 信息的表示及转换

考点：掌握冯·诺依曼的思想和原理，各种进制的表示方法、进制之间的转换和大小比较，ASCII 码的含义、可表示的字符数及其码值的大小比较，国标码和机内码的计算方法，点阵字形所占容量的计算。

十七、从第 1 代到第 4 代计算机的体系结构都是相同的，均由运算器、控制器、存储器以及输入/输出设备组成，称为___26___体系结构。现代计算机的“存储程序，逐条执行”设计思想是由___27___提出来的。

26. A. 艾伦·图灵　　B. 罗伯特·诺依斯
    C. 比尔·盖茨　　D. 冯·诺依曼

27. A. 图灵　　B. 霍勒瑞斯
    C. 冯·诺依曼　　D. 帕斯卡

十八、现代计算机在性能等方面发展迅速，但是___28___并没有发生变化。计算机基本工作原理最核心的是___29___。

28. A. 耗电量　B. 体积　C. 运算速度　D. 基本工作原理

29. A. 存储程序和程序控制　　B. 采用了二进制
    C. 引入了 CPU 和内存储器　　D. ASCII 编码和高级语言

十九、计算机之所以有相当大的灵活性和通用性，并能解决许多不同的问题，主要

是因为____30____。

30. A. 配备了功能强大的输入和输出设备
    B. 能执行不同的程序，实现程序安排的不同操作
    C. 硬件性能卓越，功能强大
    D. 使用者灵活熟练的操作

二十、计算机的自动化程度高、应用范围广是由于____31____。虽然计算机的功能越来越强大，但它不可能____32____。

31. A. 采用了半导体器件　　B. 内部采用二进制方式工作
    C. CPU 速度快、功能强　　D. 采用程序控制工作方式
32. A. 取代人类的智力活动　　B. 对事件作出决策分析
    C. 具有记忆（存储）能力　　D. 自动地运行程序，实现操作自动化

二十一、在计算机内部，所有信息和数据的存取、处理和传送都是以____33____的形式进行的。以下数据中，表示有错误的是____34____。

33. A. 二进制　　B. 十进制　　C. 八进制　　D. 十六进制
34. A. $(101111)_2$　　B. $(1011)_{10}$　　C. $(6682)_8$　　D. $(ABCD)_{16}$

二十二、一个字长为 5 位的无符号二进制数能表示的十进制数值范围是____35____。如果删除一个非零无符号二进制整数后的一个 0，则此数的值为原数的____36____。如果在一个非零无符号二进制整数之后添加 2 个 0，则此数的值为原数的____37____。

35. A. 1 ~ 31　　B. 1 ~ 32　　C. 0 ~ 31　　D. 0 ~ 32
36. A. 4 倍　　B. 2 倍　　C. 1/2　　D. 1/4
37. A. 4 倍　　B. 2 倍　　C. 1/2　　D. 1/4

二十三、下列 4 个数中，数值最大的是____38____，数值最小的是____39____。

38. A. $(1001001)_2$　　B. $(110)_8$
    C. $(71)_{10}$　　D. $(4A)_{16}$
39. A. $(11001)_2$　　B. $(17)_{10}$　　C. $(10111)_2$　　D. $(00011)_2$

二十四、十进制数 5 对应的二进制数是____40____。以下算式中，相减结果得到十进制数 0 的是____41____。

40. A. 110　　B. 111　　C. 101　　D. 100
41. A. $(4)_{10}-(011)_2$　　B. $(5)_{10}-(110)_2$
    C. $(6)_{10}-(100)_2$　　D. $(7)_{10}-(111)_2$

二十五、八进制数 726 转换成二进制是____42____。二进制数 101101011 转换为八进制数是____43____。

42. A. 111011100　　B. 111011110　　C. 111010110　　D. 101010110
43. A. 553　　B. 554　　C. 555　　D. 563

二十六、与十进制数 4625 等值的十六进制数是____44____。二进制数 1111101011011 转换成十六进制数是____45____。

44. A. 1211　　B. 1121　　C. 1122　　D. 1221
45. A. 1F5B　　B. D7SD　　C. 2FH3　　D. 2AFH

二十七、ASCII 码是___46___的简称，它用___47___位 0、1 代码串来编码。ASCII 码可以表示___48___个不同的字符。

46. A. 国际码　　B. 二进制编码　　C. 十进制编码　　D. 美国标准信息交换码

47. A. 7　　B. 8　　C. 16　　D. 32

48. A. 127　　B. 128　　C. 255　　D. 256

二十八、在微型计算机中，英文字符的比较就是比较它们的___49___。

49. A. 大小写　　B. 输出码值　　C. 输入码值　　D. ASCII 码值

二十九、数字字符“5”的 ASCII 码为十进制数 53，数字字符“8”的 ASCII 码为十进制数___50___。

50. A. 57　　B. 58　　C. 59　　D. 56

三十、英文大写字母“A”的 ASCII 码值用十进制数表示为 65，小写字母“b”的 ASCII 码值用十进制数表示是___51___；而大写字母“E”的 ASCII 码如转换成十进制数，其值是___52___。

51. A. 94　　B. 95　　C. 96　　D. 98

52. A. 67　　B. 68　　C. 69　　D. 70

三十一、已知英文字母 m 的 ASCII 码值为 6DH，那么字母 q 的 ASCII 码值是___53___。

53. A. 70H　　B. 71H　　C. 72H　　D. 6FH

三十二、按对应的 ASCII 码值来比较，不正确的说法是___54___。

54. A.“G”比“E”大　　B.“f”比“Q”大　　C. 逗号比空格大　　D.“H”比“h”大

三十三、我国大陆汉字字符编码是___55___；而微型计算机汉字系统机内码的两个字节的最高位分别是___56___。

55. A. GB 2312　　B. BSC 码　　C. ASCII 码　　D. Unicode 码

56. A. 1 和 1　　B. 1 和 0　　C. 0 和 1　　D. 0 和 0

三十四、根据汉字国标 GB 2312—1980 的规定，二级常用汉字个数是___57___个。王码五笔字型输入法属于___58___输入法。

57. A. 3000　　B. 3008　　C. 3755　　D. 6763

58. A. 形码　　B. 音码　　C. 音形结合　　D. 联想

三十五、在汉字编码输入法中，以汉字字形特征来编码的称为___59___。重码是指同一个输入编码对应___60___个汉字。显示或打印汉字时，系统使用的是汉字的___61___。

59. A. 音码　　B. 输入码　　C. 区位码　　D. 形码

60. A. 多　　B. 3　　C. 2　　D. 1

61. A. 机内码　　B. 输入码　　C. 国标码　　D. 字形码

三十六、已知某汉字的区位码是 3222，则其国标码是___62___。若已知一汉字的国标码是 5E38H，则其内码是___63___。

62. A. 4252D　　B. 5242H　　C. 4036H　　D. 5524H

63. A. DEB8H　　B. DE38H　　C. 5EB8H　　D. 7E58H

三十七、24×24点阵字形用___64___个字节存储一个汉字。在16×16点阵的字库中，“网”字的字模和“络”字的字模所占的存储单元个数是___65___。

64. A. 128　　B. 32　　C. 288　　D. 72

65. A. “网”字占得多　　B. 两个字一样多
C. “络”字占得多　　D. 不能确定

三十八、存储一个汉字字形的16×16点阵和存储一个英文字母字形的8×8点阵，所占字节数的比值为___①___。而将所编辑的Word文本文件存盘后，一个汉字和一个英文字母编码在磁盘上所占的字节数的比值为___②___。以上空格处依顺序应为___66___。

66. A. ① 4:1 ② 4:1　　B. ① 2:1 ② 2:1
C. ① 2:1 ② 4:1　　D. ① 4:1 ② 2:1

三十九、显示或打印汉字时，其文字质量与___67___有关。

67. A. 显示屏的大小　　B. 打印的速度
C. 计算机功率　　D. 汉字所用的点阵类型

四十、在“半角”方式下，显示一个ASCII字符要占用___68___个汉字的显示位置。在“全角”方式下，显示一个ASCII字符要占用___69___个汉字的显示位置。

68. A. 半　　B. 2　　C. 3　　D. 1

69. A. 半　　B. 2　　C. 3　　D. 1

四十一、已知“装”字的拼音输入码是zhuang，而“大”字的拼音输入码是da，则存储它们的内码分别需要的字节个数是___70___。

70. A. 2，2　　B. 6，2　　C. 3，1　　D. 3，2

四十二、计算机先要用___71___设备把波形声音文件的模拟信号转换成数字信号再处理或存储。

71. A. A/D（模/数）转换器　　B. D/A（数/模）转换器
C. VCD　　D. DVD

1.2.3 信息的存储

考点：掌握计算机中信息（数据）的基本单位和最小单位、信息的存储单位之间的换算。

四十三、计算机中的位和字节用英文表示分别为___72___。计算机中存储信息的最小单位是二进制的___73___，存储器容量的基本单位是___74___。

72. A. bit，Byte　　B. Byte，word　　C. unit，bit　　D. word，unit

73. A. 字节　　B. byte　　C. 字　　D. bit

74. A. 位　　B. 字节　　C. 字　　D. bit

四十四、若计算机的内存为2 GB，就是说，其内存有___75___字节的存储容量。

75. A. 2^{25}　　B. 2^{20}
C. 2×2^{10}　　D. $2\times1024\times1024\times1024$

四十五、如果某一光盘的容量为 4 GB，其可容纳___76___。

76. A. 4×1024×1024×1024 个英文字符　B. 4×1024×1024 个汉字
 C. 4×1024×1024×1024 个汉字　D. 4×1024×1024 个英文字符

1.2.4 信息技术简介

考点：了解信息技术（IT）的定义、内容和发展趋势，掌握信息高速公路的含义。

四十六、信息高速公路是指___77___。

77. A. Internet　B. 智能化高速公路建设
 C. 高速公路的信息化建设　D. 国家信息基础设施

1.3 计算机病毒及其防治

1.3.1 计算机病毒的特征

考点：掌握计算机病毒的定义、特征及其传播途径。

四十七、计算机病毒是指能够侵入计算机系统并在计算机系统中潜伏、传播、破坏系统正常工作的一种具有繁殖能力的___78___。

78. A. 流行性感冒病毒　B. 特殊小程序
 C. 特殊微生物　D. 源程序

四十八、计算机病毒的传染途径有多种，其中危害最大的病毒传染途径是___79___。

79. A. 通过网络传染　B. 通过光盘传染
 C. 通过硬盘传染　D. 通过 U 盘传染

四十九、以下关于计算机病毒的说法，不正确的是___80___。

80. A. 计算机病毒一般会寄生在其他程序中
 B. 计算机病毒一般会具有自愈性
 C. 计算机病毒一般会传染其他文件
 D. 计算机病毒一般会具有潜伏性

五十、下列关于计算机病毒的说法中，正确的是___81___。

81. A. 计算机病毒是一种有损计算机操作人员身体健康的生物病毒
 B. 计算机病毒是一种通过自我复制进行传染的，破坏计算机程序和数据的小程序
 C. 计算机病毒发作后，将会造成计算机硬件永久性的物理损坏
 D. 计算机病毒是一种有逻辑错误的程序

五十一、下列关于计算机病毒的叙述中，正确的是___82___。

82. A. 所有计算机病毒只在可执行文件中传染
 B. 计算机病毒可通过读写移动硬盘或 Internet 进行传播
 C. 把带毒优盘设置成只读状态，盘上的病毒就不会因读盘而传染给另一台计算机

D. 清除病毒的最简单方法是删除已感染病毒的文件

五十二、计算机病毒是____83____。计算机病毒产生的原因是____84____。计算机病毒所造成的危害是____85____。

83. A. 一种令人生畏的传染病
B. 一种使硬盘无法工作的细菌
C. 一种可治的病毒性疾病
D. 一种使计算机无法正常工作的破坏性程序

84. A. 用户程序有错　　B. 计算机硬件故障
C. 计算机系统软件出错　　D. 人为制造

85. A. 使磁盘发霉　　B. 破坏计算机系统
C. 使计算机内存芯片损坏　　D. 使计算机系统突然断电

五十三、计算机病毒是计算机系统中隐藏在____86____中蓄意进行破坏的捣乱程序。

86. A. 内存　　B. U 盘　　C. 存储介质　　D. 网络

五十四、下列关于计算机病毒的说法中，不正确的是____87____。

87. A. 计算机病毒是人为制造的能对计算机安全产生重大危害的一种程序
B. 计算机病毒具有传染性、破坏性、潜伏性和变种性等特点
C. 计算机病毒的发作只是破坏存储在磁盘上的数据
D. 用管理手段和技术手段的结合能有效地防止病毒的传染

五十五、下列有关计算机病毒的说法中，错误的是____88____。

88. A. 游戏软件常常是计算机病毒的载体
B. 将 U 盘格式化之后，该 U 盘就没有病毒了
C. 尽量做到专机专用是预防计算机病毒的有效措施
D. 优秀的杀毒软件能够完全查杀所有的病毒

1.3.2 计算机病毒分类

考点：了解计算机病毒的分类及其工作原理。

五十六、先于或随着操作系统的系统文件装入内存储器，从而获得计算机特定控制权并进行传染和破坏的病毒是____89____。

89. A. 文件型病毒　　B. 引导型病毒
C. 网络病毒　　D. 宏病毒

五十七、有一种计算机病毒通常寄生在其他文件中，常常通过对编码加密或使用其他技术来隐藏自己，攻击可执行文件。这种计算机病毒称为____90____。

90. A. 文件型病毒　　B. 引导型病毒
C. 脚本病毒　　D. 宏病毒

五十八、文件型病毒传染的主要对象扩展名为____91____。

91. A. boot 和 txt　　B. doc　　C. com 和 exe　　D. wps

五十九、引导型病毒程序被存放在磁盘的____92____中。下面不属于计算机病毒特征的是____93____。

92. A. 最后一个扇区　　B. 引导扇区
C. 数据扇区　　D. 第二物理扇区

93. A. 免疫性　　B. 可激活性
C. 传播性　　D. 潜伏性

1.3.3 计算机病毒的诊断及预防

考点：了解计算机病毒的诊断及预防方法。

六十、木马程序一般是指潜藏在用户计算机中带有恶意性质的__94__，利用它可以在操作者不知情的情况下窃取用户联网计算机上的重要数据信息。

94. A. 远程控制软件　　B. 计算机操作系统
C. 木头做的马　　D. 文字处理软件

六十一、网络蠕虫一般指利用计算机系统漏洞、通过互联网传播扩散的一类病毒程序。为了防止受到网络蠕虫的侵害，应当注意对__95__进行升级更新。

95. A. 计算机操作系统　　B. 计算机硬件
C. 文字处理软件　　D. 远程控制软件

六十二、为了防止各种病毒对计算机系统造成危害，可以在计算机上安装防病毒软件，并注意及时__96__，以保证能防止和查杀新近出现的病毒。

96. A. 升级　　B. 分析　　C. 检查　　D. 启动

六十三、通常计算机病毒的预防分为两种：管理方法上的预防和技术上的预防。下列__97__手段不属于管理手段预防计算机病毒传染。

97. A. 采用防病毒软件，预防计算机病毒对系统的入侵
B. 系统启动盘专用，并设置写保护，防止病毒侵入
C. 尽量不使用来历不明的软盘、U 盘、移动硬盘及光盘等
D. 经常利用各种检测软件定期对硬盘做相应的检查，发现病毒及时处理

六十四、在进行病毒清除时，应当__98__。

98. A. 先备份重要数据　　B. 先断开网络
C. 及时更新杀毒软件　　D. 以上都对

六十五、计算机病毒通常隐藏在__99__。计算机病毒不可能侵入__100__。

99. A. 计算机的 CPU 中　　B. 计算机的内存中
C. 磁盘的所有文件中　　D. 可执行文件中

100. A. 硬盘　　B. 计算机网络
C. ROM　　D. RAM

六十六、__101__不是杀毒软件。目前使用的防病毒软件的作用是__102__。

101. A. 瑞星　　B. IE
C. Norton Anti Virus　　D. 卡巴斯基

102. A. 查出任何已感染的病毒　　B. 查出并清除任何病毒
C. 清除已感染的任何病毒　　D. 查出已知的病毒，清除部分病毒

六十七、预防计算机病毒还不能做到__103__。

103. A. 自动完成查杀已知病毒　　B. 自动跟踪未知病毒
C. 自动查杀未知病毒　　D. 自动升级并发布升级包

六十八、下列___104___不是杀毒软件的品牌。

104. A. 卡巴斯基　　B. 瑞星
C. 诺顿　　D. 用友

六十九、为了保证公司网络的安全运行，预防计算机病毒的破坏，可以在计算机上采取___105___方法。

105. A. 磁盘扫描　　B. 开启防病毒软件
C. 安装浏览器加载项　　D. 修改注册表

七十、下列不是计算机病毒预防方法的是___106___。

106. A. 及时更新系统补丁　　B. 清理磁盘碎片
C. 开启 Windows 7 防火墙　　D. 定期升级杀毒软件

七十一、若发现某磁盘已被感染上计算机病毒，则可___107___。

107. A. 用杀毒软件查杀该磁盘上的病毒或在无病毒的计算机上格式化该磁盘
B. 在无病毒的计算机上再使用该磁盘上的文件
C. 将该磁盘上的文件复制到另一磁盘上使用
D. 删除该磁盘上的所有文件

七十二、与防病毒卡相比，防病毒软件的优点之一是___108___。

108. A. 成本高　　B. 不便于升级
C. 便于升级　　D. 速度快

七十三、为了有效抵御网络黑客攻击，可以在计算机中安装___109___作为安全防御措施。

109. A. 绿色上网软件　　B. 杀病毒软件
C. 防火墙　　D. 木马程序

七十四、以下关于防火墙的说法，不正确的是___110___。

110. A. 防火墙是一种隔离技术
B. 防火墙的主要工作原理是对数据包及来源进行检查，阻断被拒绝的数据
C. 防火墙的主要功能是查杀病毒
D. 其目的是提高网络的安全性，不可能保证网络绝对安全

1.3.4 计算机应用中的道德与法律问题

考点：了解计算机应用中的道德与法律问题、计算机犯罪问题的常见例子。

七十五、下面属于计算机犯罪类型的是___111___。

111. A. 非法截获信息　　B. 复制和传播计算机病毒
C. 利用计算机技术伪造篡改信息　D. 以上都是

七十六、通常意义上的网络黑客是指通过互联网利用非正常手段___112___。

112. A. 上网的人　　B. 入侵他人计算机系统的人
C. 在网络上行骗的人　　D. 晚上上网的人

七十七、网络隐私权包括的范围是 113 。属于计算机犯罪的是 114 。

113. A. 网络个人信息的保护　　B. 网络个人生活的保护
C. 网络个人领域的保护　　D. 以上皆是

114. A. 非法截取信息、窃取各种情报
B. 复制与传播计算机病毒、色情影像制品和其他非法活动
C. 借助计算机技术伪造篡改信息、进行诈骗及其他非法活动
D. 以上皆是

七十八、不属于计算机犯罪类型的是 115 。以下属于软件盗版行为的是 116 。

115. A. 非法截取信息
B. 复制与传播计算机病毒
C. 利用计算机技术伪造篡改信息
D. 观看网络电影

116. A. 复制不属于许可协议允许范围之内的软件
B. 对软件或文档进行租赁、二级授权或出借
C. 在没有许可证的情况下从服务器进行下载
D. 以上皆是

第 2 章 ››› 计算机系统

2.1 计算机的硬件系统

2.1.1 运算器

考点：掌握运算器的主要功能，与运算器相关的性能指标：字长、运算速度、主频。

一、运算器的主要功能是进行___1___运算。CPU 的两个重要性能指标是___2___。

1. A. 算术　B. 逻辑　C. 算术和逻辑　D. 函数
2. A. 价格、字长　B. 价格、可靠性　C. 主频和内存　D. 字长和主频

二、通常所说的 64 位机是指这种计算机的 CPU___3___。这种计算机的字长是___4___。

3. A. 是由 64 个运算器组成的　B. 能够同时处理 64 位二进制数
   C. 共有 64 个运算器和控制器　D. 包含 64 个寄存器
4. A. 8 字节　B. 32 个汉字　C. 64 个 ASCII 码　D. 64 字节

三、若一台计算机的字长为 2 字节，这意味着它___5___。

5. A. 能处理的数值最大为 2 位十进制数 99
   B. 在 CPU 中作为一个整体同时加以传送和处理的数据是 16 位的二进制代码串
   C. 能处理的字符串最多由 2 个英文字母组成
   D. 在 CPU 中运行的结果最大为 2^{16}

四、计算机的运算精确度通常取决于___6___。

6. A. 计算机的内存容量　B. 计算机的硬盘容量
   C. 计算机的字长　D. 计算机的程序

五、CPU 是计算机硬件系统的核心，由___7___组成。CPU 能___8___。

7. A. 运算器和控制器　B. 控制器和存储器
   C. 运算器和存储器　D. 加法器和乘法器
8. A. 正确高效地执行预先安排的命令
   B. 直接为用户解决各种实际问题
   C. 直接执行用任何高级语言编写的程序
   D. 完全决定整个微型计算机系统的性能

六、某台计算机使用的是 Intel Celeron D 315 2.26 的 CPU 芯片，其中 2.26 指的是 CPU 的___9___。

9. A. 主频为 2.26 GHz　B. 主频为 2.26 MHz

C. 型号为 2.26 GHz　　D. 生产批号

七、计算机的运算速度，主要取决于＿＿10＿＿。

10. A. CPU 的运算速度　　B. 硬盘的存取速度
C. 内存的存取速度　　D. 显示器的显示速度

八、CPU 主要技术性能指标有＿＿11＿＿。

11. A. 字长、运算速度和时钟主频　　B. 可靠性和精度
C. 耗电量和效率　　D. 冷却效率

2.1.2　控制器

考点：掌握控制器的主要功能、现代 CPU 常用的类型。

九、微型计算机控制器的基本功能是＿＿12＿＿。

12. A. 进行算术运算和逻辑运算　　B. 存储各种控制信息
C. 保持各种控制状态　　D. 控制计算机各个部件协调一致地工作

十、目前，CPU 市场占有率最高的品牌是＿＿13＿＿。

13. A. Intel 和 AMD　　B. Dell
C. 明基和华硕　　D. 联想

十一、从 2001 年开始，我国自主研发通用 CPU 芯片，其中第一款通用 CPU 是＿＿14＿＿。

14. A. Intel　　B. AMD　　C. 龙芯　　D. 酷睿

2.1.3　内存储器

考点：掌握内存储器的主要功能及其组成。

十二、能直接与 CPU 交换信息的存储器是＿＿15＿＿。

15. A. 硬盘存储器　　B. 内存储器　　C. CD-ROM　　D. 软盘存储器

十三、在微型计算机的性能指标中，用户可用的内存容量通常指＿＿16＿＿。

16. A. ROM 的容量　　B. RAM 和 ROM 的容量之和
C. CD-ROM 的容量　　D. RAM 的容量

十四、在计算机中，通过键盘输入的信息，首先被存储在主机的＿＿17＿＿中。

17. A. 运算器　　B. 控制器　　C. 内存　　D. 寄存器

十五、BIOS 是存储在＿＿18＿＿中的一组程序，为计算机提供最底层、最直接的硬件控制与支持。

18. A. RAM　　B. Cache　　C. SDRAM　　D. ROM

十六、RAM 的特点是＿＿19＿＿。ROM 的特点是＿＿20＿＿。

19. A. 只能读出信息，不能写入信息　B. 只能写入信息，且写入的信息不能保存
C. 既能读出信息，又能写入信息　D. 海量存储且具有非易失性

20. A. 可以读出信息，也可以写入信息
B. 具有非易失性
C. 可以读出信息，也可以写入信息，但是写入的信息不能保存
D. 断电后或重新启动后其中的信息将消失

十七、计算机的主（内）存一般是由__21__组成。

21. A. RAM 和 C 盘　　B. ROM、RAM 和 C 盘
　　C. RAM 和 ROM　　D. RAM、ROM 和 CD-ROM

十八、高速缓冲存储器的英文是__22__。目前的微型计算机普遍配置高速缓存解决了__23__。

22. A. RAM　　B. Cache　　C. ROM　　D. CMOS

23. A. CPU 与内存储器之间速度不匹配的问题，提高了数据的存取速度
　　B. CPU 与外存储器之间速度不匹配的问题
　　C. 内存储器与外存储器之间速度不匹配的问题
　　D. 主机与外设之间速度不匹配的问题

十九、把内存中的数据传送到计算机的硬盘等外存上的过程称为__24__。

24. A. 读盘　　B. 写盘　　C. 输入　　D. 显示

二十、用户刚输入的信息在保存之前，存储在__25__中。为防止断电后信息丢失，应在关机前将信息存储在__26__中。

25. A. ROM　　B. CD-ROM　　C. RAM　　D. 磁盘

26. A. ROM　　B. RAM　　C. CD-ROM　　D. 磁盘等外存中

2.1.4 外存储器

考点：掌握外存储器的主要功能，常见的外存储器、光盘的分类。

二十一、外存储器中的内容__27__CPU 才能进行处理。

27. A. 转换成二进制信号后
　　B. 必须调入 ROM 后
　　C. 转换为机器语言表示的目标程序后
　　D. 必须调入 RAM 后

二十二、硬盘、光盘、U 盘、移动硬盘等称为外部存储器，是因为__28__。

28. A. 它可以装在计算机主机箱之外　　B. CPU 要通过 RAM 才能存取其中的信息
　　C. 它不是 CPU 的一部分　　D. 它们可以取出到其他计算机上使用

二十三、关于硬盘与光盘，如下说法__29__不正确。将 U 盘设置为写保护后，对它__30__。

29. A. 光盘与光盘驱动器是分离的
　　B. 硬盘与硬盘驱动器密封组装在一起
　　C. 不能像更换光盘那样更换硬盘驱动器中的硬盘片
　　D. 硬盘的容量远大于光盘，因此存取时间也比光盘长

30. A. 既能读又能写数据　　B. 只能写不能读数据
　　C. 只能读不能写数据　　D. 不起任何作用

二十四、突然断电后，存储于 U 盘和硬盘中的数据__31__。

31. A. 不丢失　　B. 完全丢失　　C. 少量丢失　　D. 大部分丢失

二十五、DVD 刻录光盘中，一次性刻录的 DVD 光盘称为 DVD-R，可重复刻录的 DVD

光盘称为 32 。

32. A. DVD-RAW　B. DVD-RW　C. DVD-ROM　D. DVD-RAM

二十六、关于计算机使用的光盘，以下说法错误的是 33 。

33. A. 有些光盘只能读不能写
B. 有些光盘可读可写
C. 使用光盘必须有自己的光盘驱动器
D. 光盘是一种外存储器，它完全依靠盘表面的磁性物质来记录数据

二十七、根据性能的不同，光盘分为3类：只读型光盘（CD-ROM）、一次性写入型光盘（CD-R）和可擦除型光盘（CD-RW）。下列选项中 34 的数据由生产厂家写入，用户只能读取其中的数据而无法修改。

34. A. CD-ROM　B. CD-R　C. CD-RW　D. 非空白型光盘

二十八、CD-ROM属于 35 媒体。

35. A. 感觉　B. 表示　C. 存储　D. 表现

二十九、为了确保数据安全，当光盘驱动器上的指示灯亮时 36 。另外，当光驱中的光盘不用时， 37 。

36. A. 不可从驱动器中取出盘片　B. 表示光驱停止工作，等待下一个指令
C. 光盘可从驱动器中取出　D. 才能放入新光盘

37. A. 没必要将其取出，因为那样做对计算机系统的软件和硬件不会造成损伤
B. 应该将其取出，不然光盘内容会被改写
C. 应将光盘取出，不然光驱和光盘都会发霉
D. 应将光盘取出，不然光驱一直高速旋转处于待命状态，对光驱造成磨损

三十、U盘使用后要先 38 ，再拔下U盘，否则可能造成数据丢失。U盘上的文件或文件夹被删除后， 39 从回收站恢复。

38. A. 关闭计算机
B. 关闭资源管理器
C. 在Windows桌面状态栏单击U盘图标，在弹出菜单中确认停止U盘的使用
D. 退出所有的应用程序

39. A. 都可以　B. 文件夹可以，文件不能
C. 文件可以，文件夹不能　D. 都不能

三十一、移动硬盘采用 40 技术，它适于复制海量数据。

40. A. 固定硬盘　B. 半导体　C. 光盘　D. 软盘

三十二、下列存储器中，存取速度最快的是 41 ，访问速度最慢的是 42 。

41. A. 光盘　B. U盘　C. 硬盘　D. 内存储器

42. A. CD-ROM　B. RAM
C. 支持USB 3.0的U盘　D. 硬盘存储器

三十三、在CD光盘上标记有CD-RW字样，此标记表明这光盘是 43 。

43. A. 只能写入一次，可以反复读出的一次性写入光盘
B. 可多次擦除型光盘

C. 只能读出，不能写入的只读光盘

D. 以上均不对

2.1.5 输入设备

考点：掌握输入设备的判别方法。

三十四、以下外设中，属于输入设备的是___44___。

44. A. 打印机 B. 绘图仪 C. 扫描仪 D. 显示器

三十五、___45___的作用是将计算机外部的信息送入计算机。

45. A. 内存储器 B. 外存储器 C. 输入设备 D. 输出设备

三十六、微型计算机中使用的鼠标一般是通过___46___与主机相连接的。

46. A. 并行接口 B. PS/2 接口或 USB 接口

C. 显示器接口 D. 打印机接口

2.1.6 输出设备

考点：了解显示器分辨率的概念、常用的打印机类型，掌握输出设备的判别方法。

三十七、以下外设中，属于输出设备的是___47___。

47. A. 绘图仪 B. 条形码阅读器 C. 光笔 D. 图像扫描仪

三十八、计算机用来向用户传递信息和处理结果的设备称为___48___。

48. A. 显示设备 B. 打印设备 C. 外围设备 D. 输出设备

三十九、常用的打印设备有激光、针式和___49___打印机等。其中打印质量最好、速度快、噪声小的是___50___打印机。

49. A. 传真 B. 喷墨 C. 彩色 D. 黑白

50. A. 喷墨 B. 24 针针式 C. 16 针针式 D. 激光式

四十、目前主要应用于银行、税务、商店等的票据打印的打印机是___51___打印机。

51. A. 针式 B. 点阵式 C. 喷墨 D. 激光

四十一、打印机不能打印文档的原因不可能是___52___。

52. A. 没有经过打印预览查看 B. 没有安装打印驱动程序

C. 没有打开打印机的电源 D. 没有连接打印机

四十二、下列关于显示器分辨率的描述，正确的是___53___。

53. A. 在同一字符面积下，像素点越少，其字符的分辨效果越好

B. 在同一字符面积下，像素点越少，其分辨率越高

C. 在同一字符面积下，像素点越多，其显示效果越模糊

D. 在同一字符面积下，像素点越多，其分辨率越高

2.1.7 输入/输出设备

考点：掌握同时具有输入和输出功能的设备。

四十三、在计算机中，既可作为输入设备又可作为输出设备的是___54___。

54. A. 显示器 B. 磁盘驱动器 C. 键盘 D. 图形扫描仪

四十四、外部存储器____55____。

55. A. 只能作为输出设备　　B. 既可作为输出设备又可作为输入设备
C. 只能作为输入设备　　D. 只能存放本计算机系统以外的数据

2.1.8 计算机五大部件的连接

考点：掌握主板上总线的类型和总线的作用，计算机系统的组成，计算机硬件系统的组成。

四十五、CPU与____56____组成了微型计算机的主机。

56. A. 运算器　B. 外存储器　C. 内存储器　D. 存储器

四十六、一个完整的计算机系统包括____57____两大部分。

57. A. 主机和外围设备　　B. 硬件系统和软件系统
C. 硬件系统和操作系统　　D. 指令系统和系统软件

四十七、计算机的存储系统由____58____两部分组成。内存与外存的主要差别是____59____。

58. A. 软盘和硬盘　　B. 内存和外存
C. 光盘和U盘　　D. ROM和RAM

59. A. 内存存取速度快，存储容量大，外存则相反
B. 内存存取速度快，存储容量小，外存则相反
C. 内存存取速度慢，存储容量大，外存则相反
D. 内存存取速度慢，存储容量小，外存则相反

四十八、计算机I/O设备是指____60____。外围设备的功能是____61____。

60. A. 控制设备　B. 网络设备　C. 通信设备　D. 输入/输出设备

61. A. 将信息以各种形式方便地输入计算机，进行处理后存储在计算机内
B. 将信息以各种形式从计算机输出
C. 将图像以各种方式输入计算机
D. 将信息以各种形式方便地输入计算机，或以各种形式输出，或二者兼备

四十九、微型计算机的I/O接口位于____62____之间。在微型计算机的主板上，总线的作用是____63____。

62. A. CPU与内存　　B. 内存与总线
C. 主机和总线　　D. CPU与外围设备

63. A. 临时存储数据或指令
B. 提高CPU的工作速度
C. 增加内存的存储容量
D. 作为CPU内部各单元之间数据传送、CPU与外部交换信息的通道

五十、CPU、存储器、I/O设备通过____64____连接起来。

64. A. 接口　B. 总线　C. 系统文件　D. 控制线

五十一、计算机内部存储单元的数目多少取决于____65____。

65. A. 字长　　B. 地址总线的宽度
C. 数据总线的宽度　　D. 字节数

五十二、PC（个人计算机）通过____66____与外部交换信息。

66. A. 键盘　　B. 鼠标
C. 显示器　　D. 输入/输出设备或网络

五十三、下列叙述中，错误的是____67____。

67. A. 硬盘在主机箱内，它是主机的组成部分
B. 硬盘是外部存储器之一
C. 硬盘的技术指标之一是每分钟的转速（r/min）
D. 硬盘与CPU之间不能直接交换数据

2.2 计算机的软件系统

2.2.1 软件的概念

考点：掌握软件的概念、程序设计语言的分类和特点、指令和源程序的含义、三种翻译程序（汇编程序、编译程序和解释程序）的功能。

五十四、计算机能直接识别的语言是____68____。将高级语言源程序变为机器可执行的形式，需要____69____。

68. A. 机器语言　　B. 汇编语言
C. 高级程序语言　　D. 自然语言

69. A. BASIC解释程序　　B. 操作系统
C. 目标程序　　D. 语言翻译程序

五十五、计算机的基本指令一般由____70____两部分构成，其中____71____指出参与操作的数据在存储器中的地址。

70. A. 操作码和操作数地址码　　B. 操作码和操作数
C. 操作数和地址码　　D. 操作指令和操作数

71. A. 地址指令　B. 操作码地址　C. 操作码　D. 操作数地址码

五十六、一条计算机指令____72____。计算机的CPU每执行一个____73____，就完成一步基本运算或判断。

72. A. 对数据进行运算　　B. 规定计算机完成一个完整任务
C. 对计算机进行控制　　D. 规定计算机执行一个基本操作

73. A. 语句　B. 指令　C. 程序　D. 软件

五十七、所谓源程序是指____74____。____75____可以逐行读取、翻译并执行源程序，它的功能是____76____。

74. A. 由用户编写的程序
B. 由程序员编写的程序
C. 计算机不能直接识别的程序
D. 用高级程序设计语言或汇编语言编写的程序

75. A. 编译程序　B. 汇编程序　C. 解释程序　D. 组译程序

76. A. 解释执行高级语言程序
B. 将高级语言程序转换为目标程序
C. 解释执行汇编语言程序
D. 将汇编语言程序转换为目标程序

五十八、编译型语言源程序和汇编语言源程序分别需要经过___77___和___78___翻译成为机器语言目标程序后，计算机才能执行。

77. A. 汇编程序　B. 解释程序　C. 编译程序　D. 监控程序
78. A. 编译程序　B. 解释程序　C. 操作系统　D. 汇编程序

五十九、语言处理程序分为___79___。

79. A. 解释程序、汇编程序和编译程序
B. 源程序、执行程序和目标程序
C. 目标程序、ASCII 程序和源程序
D. 解释程序、汇编程序和翻译程序

六十、关于解释程序和编译程序的论述，以下说法正确的是___80___。

80. A. 编译程序和解释程序均能产生目标程序
B. 编译程序和解释程序均不能产生目标程序
C. 编译程序能产生目标程序，而解释程序不能
D. 编译程序不能产生目标程序，而解释程序能

六十一、用高级语言编写的程序___81___。C/C++语言属于___82___。

81. A. 只能在某种计算机上运行　B. 无须编译或解释即可被计算机直接执行
C. 具有通用性和可移植性　D. 几乎不占用内存空间
82. A. 机器语言　B. 汇编语言　C. 高级语言　D. 低级语言

六十二、软件与程序的区别是___83___。

83. A. 程序价格便宜，软件价格昂贵
B. 程序是用户自己编写的，而软件是由软件厂家提供的
C. 程序是用高级语言编写的，而软件是由机器语言编写的
D. 软件是程序以及进行开发、使用和维护所需要的所有文档的总称，而程序只是软件的一部分

六十三、下列叙述中，正确的是___84___。

84. A. 计算机能直接识别并执行用高级程序语言编写的程序
B. 用机器语言编写的程序可读性最差
C. 机器语言就是汇编语言
D. 高级语言的编译系统是应用程序

六十四、下列叙述中，正确的是___85___。

85. A. 把数据从内存传输到硬盘称为读盘
B. 机器语言能直接被识别和执行，但是可移植性差
C. 汇编语言不是低级语言
D. 高级语言的可读性和执行速度比机器语言好

2.2.2 软件系统及其组成

考点：掌握计算机软件系统的分类，计算机软件的分类及其判别方法。

六十五、软件系统一般分为__86__两大类。某学校的学生成绩管理软件属于__87__。

86. A. 系统软件和应用软件　　B. 操作系统和计算机语言
    C. 程序和数据　　D. DOS 和 Windows

87. A. 工具软件　B. 应用软件　C. 系统软件　D. 编辑软件

六十六、下列软件中，__88__是最基础最重要的系统软件，缺少它，计算机就无法工作。__89__一定是系统软件。

88. A. 调试程序　B. 操作系统　C. 编辑程序　D. 文字处理系统

89. A. 自编的一个 C 程序，功能是求解一个一元二次方程
    B. Windows 操作系统
    C. 存储有计算机基本输入/输出系统的 ROM 芯片
    D. 用汇编语言编写的一个练习程序

六十七、计算机软件与硬件的关系是__90__。如果一个计算机系统只有硬件没有软件，那它__91__。计算机系统软件的主要功能是__92__。

90. A. 相互对立　　B. 相互依靠支持，形成一个统一的整体
    C. 相互独立　　D. 以上均不正确

91. A. 完全不能工作　　B. 部分不能工作
    C. 完全可以工作　　D. 部分可以工作

92. A. 对生产过程中的大量数据进行运算
    B. 管理和应用计算机系统资源
    C. 模拟人脑进行思维、学习
    D. 帮助工程师进行工程设计

2.2.3 操作系统

考点：了解操作系统的含义及功能、常见的操作系统。

六十八、操作系统是__93__，它的作用是__94__。

93. A. 软件与硬件的接口　　B. 主机与外设的接口
    C. 计算机与用户的接口　　D. 高级语言与机器语言的接口

94. A. 与硬件的接口　　B. 把源程序翻译成机器语言程序
    C. 进行编码转换　　D. 控制和管理系统资源的使用

六十九、通常说的“裸机”指的是__95__。__96__是对裸机的首次扩充。

95. A. 只装备有操作系统的计算机　　B. 未装备任何软件的计算机
    C. 不带输入/输出设备的计算机　　D. 计算机主机暴露在外

96. A. 字处理软件　　B. 操作系统
    C. 高级语言　　D. 应用软件

七十、以下属于操作系统的是__97__。

97. A. Lotus B. Sun C. Java D. Mac OS

七十一、以下关于操作系统的说法错误的是____98____。

98. A. 从一般用户的观点，可把操作系统看作用户与计算机硬件系统之间的接口
B. 从资源管理观点，可把操作系统视为计算机系统资源的管理者
C. 操作系统不能直接运行在裸机上
D. 操作系统是计算机硬件与其他软件的接口，也是用户和计算机之间的“桥梁”

2.3 Windows 7 的管理功能

2.3.1 系统设置

考点：了解控制面板的使用。

七十二、下面不属于控制面板的查看方式的是____99____。

99. A. 类别 B. 修改时间 C. 大图标 D. 小图标

2.3.2 文件管理

考点：了解文件、文件夹的相关知识要点。

七十三、在 Windows 中，关于磁盘“文件”的完整说法应该是____100____；磁盘文件内容不可以是____101____。

100. A. 一组相关命令的集合 B. 一组相关文档的集合
C. 一组相关程序的集合 D. 一组相关信息的集合

101. A. 一段文字 B. 整个显示器
C. 一张图片 D. 一个程序

七十四、据 Windows 的规定，以下所有字符都不能出现在文件名中的是____102____。

102. A. / * ? # < > $ B. / : ? & < > !
C. \ * ? % < > @ D. \ / * ? " < >

七十五、以下说法正确的是____103____。

103. A. Windows 文件名区分大小写，abc.txt 和 ABC.txt 是两个不同的文件
B. Windows 中区分全角半角，123.docx 和 １２３.docx 是两个不同的文件
C. Windows 文件名不允许出现两个点“.”，文件名 dvhop.txt.doc 是不可能存在的
D. My.cpp 是可执行程序

七十六、作为 Windows 的文件名，下面不合法的是____104____。

104. A. system.2000.txt B. 中国 广西.docx
C. A<>b D. AAA.dat

七十七、文件的扩展名用来区分文件的____105____。

105. A. 类型 B. 建立时间 C. 大小 D. 建立日期

七十八、Windows 的文件夹组织结构是一种____106____。

106. A. 表格结构 B. 树形结构 C. 网状结构 D. 线性结构

七十九、在 Windows 中，下列关于文件夹的说法中错误的是____107____。

107. A. 每个子文件夹都有一个父文件夹
B. 每个文件夹都可以包含若干子文件夹和文件
C. 每个文件夹都只有唯一的名称
D. 不同驱动器上文件夹不能重名

八十、在同一磁盘上，Windows 中____108____。

108. A. 允许同一子文件夹中的两个文件同名，也允许不同子文件夹中的两个文件同名
B. 不允许同一子文件夹中的两个文件同名，也不允许不同子文件夹中的两个文件同名
C. 允许同一子文件夹中的两个文件同名，不允许不同子文件夹中的两个文件同名
D. 不允许同一子文件夹中的两个文件同名，但允许不同子文件夹中的两个文件同名

八十一、一个文件说明为 C:\groupa\textl\293.txt，其中 textl 是一个____109____。

109. A. 文件夹 B. 根文件夹 C. 文件 D. 文本文件

2.3.3 文件、文件夹管理

考点：了解资源管理器的相关操作与使用。

八十二、关于 Windows 7 资源管理器的“网络”文件夹，以下说法中不正确的是____110____。桌面上的“计算机”图标用于____111____。

110. A. “网络”是 Windows 进入 Internet 的软件
B. 通过“网络”可以浏览网上的共享文件
C. 通过“网络”能浏览网上的共享打印机
D. 通过“网络”可以浏览多个网络的计算机

111. A. 进行资源管理 B. 二进制信息管理
C. 网络管理 D. 文件打印管理

八十三、在资源管理器中文件显示方式是可以改变的。以下不属于文件显示方式的是____112____。

112. A. 大图标、小图标 B. 列表
C. 详细资料 D. 动画

八十四、文件名通配符“*”号可代替任意____113____，“？”号可代替任意____114____。

113. A. 1 个字符串 B. 1 个字符
C. 2 个字符 D. 3 个字符

114. A. 1 个字符串 B. 1 个字符
C. 255 字符 D. 256 个字符

八十五、带有通配符的文件名 F*.?可以代表的文件是____115____。如果给出的文件

名是*.*，其含义是____116____。

115. A. F.com　　B. FABC.txt　　C. FA.c　　D. FF.exe

116. A. 硬盘上的全部文件　　B. 当前盘当前目录中的全部文件
C. 当前驱动器上的全部文件　　D. 根目录中的全部文件

八十六、在Windows 7资源管理器右上角搜索栏中的默认搜索筛选器有____117____。

117. A. 修改日期、大小　　B. 访问日期、大小
C. 修改日期、关键字　　D. 关键字、文件体积

八十七、在“资源管理器”左窗口中将一个文件夹设定为当前文件夹的方法是____118____，同时将____119____。

118. A. 单击该文件夹，使之反相显示即可
B. 双击该文件夹，可以完成选定操作
C. 单击该文件夹，再按<Enter>键，可以完成选定操作
D. 单击该文件夹，再按<Ctrl>键，可以完成选定操作

119. A. 在左窗口中展开该文件夹
B. 在右窗口中显示该文件夹中的子文件夹和文件
C. 在左窗口中显示子文件夹
D. 在右窗口中显示该文件夹中的文件

八十八、Windows的“资源管理器”窗口分为左右两个部分，____120____；在“资源管理器”左窗口中，单击文件夹图标将____121____。

120. A. 左边显示磁盘上的树形目录结构，右边显示指定目录里的文件信息
B. 左边显示指定目录里的文件信息，右边显示磁盘上的树形目录结构
C. 两边都可以显示磁盘上的树形目录结构或指定目录里的文件信息，由用户决定
D. 左边显示磁盘上的文件目录，右边显示指定文件的具体内容

121. A. 在左窗口中展开该文件夹
B. 在右窗口中显示文件夹中的子文件夹和文件
C. 在左窗口中显示子文件夹
D. 在右窗口中显示该文件夹中的文件内容

八十九、在Windows的“资源管理器”窗口的“文件”菜单中，“新建”命令的功能是____122____。

122. A. 可以创建新的文件或文件夹　　B. 只能创建新的文件
C. 只能创建新的文件夹　　D. 可以创建新的图标

九十、在“资源管理器”窗口中，若要查看图形文件的缩略图，可在“查看”菜单中选择____123____命令。

123. A. 详细内容　　B. 小图标
C. 列表　　D. 大图标

九十一、在“资源管理器”右窗口中，要选取多个不连续文件（夹），可以按住____124____键不放，再单击相应文件（夹）；要选取多个连续文件（夹），可以单击第一个文件图标

后，再按住____125____键不放，然后单击最后一个文件（夹）图标。

124. A. <Ctrl>　B. <Tab>　C. <Alt>　D. <End>

125. A. <Ctrl>　B. <Shift>　C. <Alt>　D. <Enter>

九十二、在 Windows“资源管理器”右窗口中，选取全部文件（夹）之后，如果要剔除其中的几个文件，应进行的操作是按住____126____键不放，依次单击各个要剔除的文件。

126. A. <Shift>　B. <Ctrl>　C. <Alt>　D. <Enter>

九十三、在“资源管理器”窗口中，要取消已选定的文件，____127____即可。

127. A. 按<Esc>键　B. 在屏幕的空白处单击
C. 按<Enter>键　D. 按下<Ctrl>键的同时按<Enter>键

九十四、以下说法正确的是____128____。

128. A. “资源管理器”主要负责管理文件和文件夹，“计算机”主要负责管理硬件和设备
B. “计算机”实际上是一个系统文件夹
C. “资源管理器”和“计算机”是完全不同的两个组件，分工不同不能相互转换
D. “资源管理器”左右两栏的宽度不能调整

九十五、在“资源管理器”中文件排列方式可调整，以下不属于文件排列方式的是____129____。

129. A. 按名称、按类型　B. 按大小、按日期
C. 递增、递减　D. 按位置

九十六、在“资源管理器”窗口中搜索时，若输入文件名“*.*”，则将搜索____130____；若输入文件名 ab，则将搜索____131____。

130. A. 所有含有“*”的文件　B. 所有扩展名含有“*.*”的文件
C. 所有文件　D. 只是“*.*”这个文件而已

131. A. 所有文件名含有 ab 的文件
B. 所有扩展名含有 ab 的文件
C. 所有基本名含有 ab 的文件
D. 只是 ab 这个文件而已

九十七、在“文件属性”对话框中不可能查到的信息是____132____。

132. A. 文件的大小　B. 文件的最后修改时间
C. 文件的访问人数　D. 文件的存储位置

九十八、以下不属于 Windows 中文件属性的是____133____。

133. A. 只读　B. 隐藏　C. 系统　D. 存档

九十九、以下说法错误的是____134____。

134. A. 只读文件不能修改，只能进行读操作
B. 用户无法使用隐藏文件
C. 用户使用的文件通常是存档文件

D. 不是所有文件的所有属性都可以自己选定

2.3.4 Windows 7 的其他管理功能的实现

考点：了解 Windows 7 的其他管理功能的实现。

一百、关于计算机的日常维护，下列叙述中错误的是___135___。

135. A. 计算机要经常使用，不要长期闲置不用
B. 应避免磁场干扰计算机
C. 计算机连续使用几小时后，应关机一会儿再用
D. 为了延长计算机的使用寿命，应避免频繁开关计算机

一百零一、下列因素中，对微型计算机工作影响最小的是___136___。

136. A. 温度　B. 湿度　C. 磁场　D. 噪声

一百零二、所谓“磁盘碎片”，指的是___137___。在 Windows 中，可以将不连续的数据块连接到一起，提高磁盘读写速度的程序是___138___。

137. A. 磁盘上可用的但不能存放信息的存储空间
B. 磁盘上损坏的存储空间
C. 磁盘上两个文件之间的存储空间
D. 磁盘上空闲的存储空间

138. A. 查毒程序　B. 磁盘碎片整理程序
C. 资源状况程序　D. 磁盘扫描程序

一百零三、在 Windows 中，利用___139___可以安全地将硬盘上系统产生的临时文件、Internet 缓存文件和不需要的文件删除，以释放硬盘空间。

139. A. 查毒程序　B. 碎片整理程序
C. 磁盘清理程序　D. 备份程序

一百零四、下列关于压缩文件的说法正确的是___140___。

140. A. 对已有的 rar 压缩文件包还能进行再压缩，进一步减少文件体积
B. rar 压缩文件包一旦形成就不能往里添加其他文件了
C. 对于 jpg、gif 等 Web 格式图片，因其本身已经进行图像压缩编码，因此不能压缩为 rar 文件
D. WinRAR 能够生成自解压的 rar 压缩文件包

一百零五、“写字板”程序的基本功能是___141___；“记事本”是用于编辑___142___文件的程序。

141. A. 文字处理　B. 图形处理　C. 表格处理　D. 数据处理

142. A. 纯文本　B. 批处理　C. 数据库　D. 扩展名为 docx 的

第3章 文字处理软件 Word 2010

3.1 Word 2010 概述

3.1.1 Word 2010 的窗口组成

考点：了解 Word 2010 的窗口组成。

一、Word 提供了多种文档视图以适应不同的编辑需要。其中，页与页之间显示一条虚线分隔的视图是___1___视图。

1. A. 页面　　B. 大纲　　C. 草稿　　D. 阅读版式

二、对于 Word 标尺，下列说法错误的是___2___。

2. A. 在所有的视图中都有标尺
   B. 可用“视图”选项卡中的“标尺”复选框来设置显示或隐藏标尺
   C. 垂直标尺只有页面视图才有
   D. 垂直标尺可用来调整表格的行高

三、关于 Word 的状态栏，下列说法错误的是___3___。

3. A. 用户可通过状态栏来了解插入点的位置以及其与页顶端的距离
   B. 文档的节、页码、行号、列号、字数统计等在状态栏中都有所显示
   C. 通过状态栏用户可以了解到该文档的大小
   D. 状态栏中还有语言、修订、改写和宏录制等状态框

四、“文件”选项卡中部所显示的文件名是___4___。

4. A. Word 当前打开的所有文件名
   B. 最近被 Word 处理过但都已关闭的文件名
   C. 最近被 Word 打开过的文档名
   D. 刚新建文档的文件名

五、在 Word 的编辑状态，仅有一个窗口编辑文档 wd.docx，单击“视图”选项卡“窗口”组中的“拆分”命令后，___5___。

5. A. 又为 wd.docx 文档打开了一个新窗口
   B. wd.docx 文档的旧窗口被关闭，打开一个新窗口
   C. wd.docx 文档窗口被分成上下两部分，两部分分别显示该文档的内容
   D. wd.docx 文档仍是一个窗口，但窗口被分成上下两部分，仅上部分显示该文档

3.1.2 Word 2010 自定义“功能区”设置

考点：了解 Word 2010 的自定义“功能区”。

六、Word 提供了多种选项卡。关于选项卡，下列说法错误的是___6___；选项卡是可以设置或隐藏的。下列关于设置或隐藏选项卡的方法中错误的是___7___。

6. A. 功能区每个选项卡有不同的功能组
   B. 功能区的选项卡的个数是固定不变的
   C. 使用功能区的按钮可迅速获得 Word 最常用的命令
   D. 使用功能区中的按钮只要将鼠标移动到要使用的按钮上单击即可
7. A. 右击功能区右端空白处，在弹出的快捷菜单中选择“自定义功能区”
   B. 右击文本编辑区的空白处，在弹出的快捷菜单中选择“自定义功能区”
   C. 右击选项卡，在弹出的快捷菜单中选择“自定义功能区”
   D. 单击“文件”→“选项”命令，在“Word 选项”中选择“自定义功能区”

七、下列不属于 Word 功能的是___8___。

8. A. 编译　　B. 排版　　C. 编辑　　D. 打印

3.1.3 Word 2010 文件保存与安全设置

考点：了解 Word 2010 的文件保存与安全设置。

八、Word 默认的文档扩展名是___9___，默认的存储文件夹为___10___。

9. A. dosx　　B. txt　　C. word　　D. docx
10. A. Program File　B. 文档库　　C. Windows　　D. Office

九、下列说法中正确的是___11___。

11. A. 启动 Word 后，窗口上肯定有标尺和状态栏
    B. Word 的基本功能之一是对汉字字符进行识别
    C. Word 为系统软件
    D. 启动 Word 后，Word 已创建一个新文档，该文档文件名由 Word 暂时取为“文档 1”

十、在 Word 中建立的 Word 文档，不能用 Windows 中的记事本打开，这是因为___12___；如果要将文档的扩展名取名.txt，应在“另存为”对话框的“保存类型”下拉列表框中选择___13___。

12. A. 文件是以.docx 为扩展名
    B. 文字中含有汉字
    C. 文件中含有特殊控制符
    D. 文件中的西文有“全角”和“半角”之分
13. A. 纯文本　　B. Word 文档　　C. 文档模板　　D. 其他

十一、对于新建文档，执行“保存”命令并输入新文档名，如“LETTER”后，标题栏将显示___14___。

14. A. LETTER.docx　　B. LETTER 文档 1
    C. 文档 1.docx　　D. docx

十二、关于新建文档和打开文档，下列说法中错误的是＿＿15＿＿，正确的是＿＿16＿＿。

15. A．新建文档是指在内存中产生一个新文档并在屏幕上显示，进入编辑状态
B．Word 每新建一个文档，就打开一个新的文档窗口，在标题栏上没有文件名
C．新建文档可使用<Ctrl+N>组合键
D．在“文件”选项卡中可打开最近使用过的 Word 文档

16. A．Word 不能打开非 Word 格式的文档
B．Word 不能建立 Web 页文档
C．Word 可以同时打开多个文档
D．所有的非 Word 格式的文档都可用 Word 软件打开

十三、在 Word 中，“打开”命令的作用是＿＿17＿＿；如果当前打开了多个文档，单击当前文档窗口的“关闭”按钮，则＿＿18＿＿；关闭正在编辑的 Word 文档时，文档从屏幕上被清除，同时也从＿＿19＿＿中清除。

17. A．将文档从内存中读入，并显示
B．将文档从外存中读入内存，并显示
C．为文档打开一个空白的窗口
D．将文档从硬盘中读入内存，并显示

18. A．关闭 Word 窗口　　B．关闭当前文档
C．关闭所有文档　　D．关闭非当前文档

19. A．内存　　B．外存　　C．磁盘　　D．CD-ROM

十四、对于已执行过存盘命令的文档，为防止突然断电丢失新输入的文档内容，应经常执行＿＿20＿＿命令；而使用“文件”选项卡的“另存为”命令保存文件时，不可以＿＿21＿＿。

20. A．保存　　B．另存为　　C．关闭　　D．退出

21. A．不用原名直接覆盖原有的文件　　B．将文件存放到另一驱动器中
C．将文件保存为文本文件　　D．修改原文件的扩展名而形成新文件

十五、打开一个已有文档进行编辑修改后，执行＿＿22＿＿既可保留修改前的文档，又可得到修改后的文档。

22. A．“文件”选项卡中的“保存”命令
B．“文件”选项卡中的“打印”命令
C．“文件”选项卡中的“另存为”命令
D．“文件”选项卡中的“关闭”命令

3.1.4 Word 2010“选项”设置

考点：了解 Word 2010 的各种“选项”。

十六、在 Word 中，文档不能打印的原因不可能是＿＿23＿＿；在 Word 预览窗口中，由于比例关系，看不清页面中的内容时，利用“视图”选项卡中的＿＿24＿＿按钮，可以看清页面中的细节。

23. A．没有连接打印机　　B．没有设置打印机

C. 没有经过打印预览查看　　D. 没有安装打印驱动程序

24. A. 单页　B. 标尺　C. 切换窗口　D. 显示比例

十七、在打印设置中，选择“打印当前页面”项中的“当前页”指的是___25___。

25. A. 文档中光标所在的页　　B. 当前窗口显示的页
C. 最后打开的页　　D. 最早打开的页

十八、打印文档时，页码范围设置为“2-5,9,11”表示将打印___26___。

26. A. 第 2 页，第 5 页，第 9 页，第 11 页
B. 第 2 页至第 5 页，第 9 页至第 11 页
C. 第 2 页至第 5 页，第 9 页，第 11 页
D. 第 2 页，第 5 页，第 9 页至第 11 页

3.2 文档的基本操作

3.2.1 使用模板或样式创建文档格式

考点：了解 Word 2010 使用模板或样式创建文档格式。

十九、在 Word 中，模板与文档的显著差别是___27___。

27. A. 模板包含样式
B. 模板包含 Word 主题
C. 模板可以将其自身的副本作为新文档打开
D. 以上说法都不对

二十、在 Word 中，新文档的默认模板是___28___。

28. A. 通用模板　　B. 标准商务信函模板
C. 传真封面模板　　D. 备忘录模板

3.2.2 文本录入

考点：掌握在 Word 2010 中文本录入的方法。

二十一、在 Word 中，下列说法中错误的是___29___。

29. A. 在中文标点符号状态下，按<Shift+6>组合键可输入符号“……”
B. 输入的内容满一行后会自动换行
C. 若状态栏显示的是“插入”框，则双击后变为“改写”
D. 在编辑区每按一次<Enter>键，就插入一个段落标记

二十二、在 Word 中，对先前所做过的有限次编辑操作，以下说法中正确的是___30___。

30. A. 不能对已做的操作进行撤销
B. 能对已做的操作进行撤销，但不能恢复撤销后的操作
C. 能对已做的操作进行撤销，也能恢复撤销后的操作
D. 不能对已做的操作进行多次撤销

二十三、Word 默认的汉字的字形、字体、字号是___31___；默认的英文字体为___32___。

31. A. 常规、宋体、四号　　B. 常规、宋体、五号

C. 常规、黑体、五号　　　　　　　D. 常规、仿宋体、五号

32. A. Calibri　　　　　　　　　B. Arial Unicode MS

C. Batang　　　　　　　　　　D. BatangChe

二十四、在“开始”选项卡“字体”组中有一个“字体”框和一个“字号”框。当选取了一段文字后，这两个框内分别显示“仿宋体”“三号”，这说明__33__；在 Word 窗口中，若选定的文本中有几种字体的字，则“格式”工具栏的“字体”框中呈现__34__。

33. A. 被选取的文档现在总体的格式为三号仿宋体

B. 被选取的文字的格式将被设定为三号仿宋体

C. 被选取的文字现在的格式为三号仿宋体

D. Word 缺省的格式设定为三号仿宋体

34. A. 空白　　　　　　　　　　B. 首字符的字体

C. 排在前面的字体　　　　　　D. 使用最多的字体

二十五、键盘输入技术对输入者提出了正确的指法要求，即除拇指外的 8 个手指应放在基准键的位置上。这 8 个基准键是__35__。

35. A. SDFG HJKL B. QWER UIOP　C. ASDF JKLM　D. ASDF JKL;

二十六、键盘的有些键面上刻有两个字符，这种键称为双挡键。若先按住__36__键再按双挡键，将输入键面上方字符。

36. A. <Esc>　B. <Enter>　C. <Shift>　D. <Caps Lock>

二十七、微型计算机使用的键盘中的<Ctrl>键称为__37__，它__38__其他键配合使用 。

37. A. 换挡键　B. 控制键　C. 回车键　D. 强行退出键

38. A. 总是要与　　　　　　　B. 不需要与

C. 有时与　　　　　　　　D. 必和<Alt>一起再与

二十八、当按了<Num Lock>键使 Num Lock 灯亮时，按小键盘中的数字键<8>的作用是__39__。

39. A. 输入数字　B. 翻页　C. 光标移动　D. 以上三项都可完成

二十九、键盘上的功能键如<F1>、<F2>、<F3>等，其功能由__40__定义。目前很多__41__都将键盘上的<Esc>键定义为退出键。

40. A. 厂家在出厂时　　　　　B. 内存

C. CPU　　　　　　　　　D. 操作系统或应用软件

41. A. 软件　B. 文件　C. 操作者　D. 键盘生产厂家

3.2.3 编辑对象的选定

考点：了解在 Word 2010 中编辑对象的选定方法。

三十、自然段是指__42__；若要选定 Word 文档的某一段落，可将指针移到该段落左边的选定栏，然后__43__；在 Word 中要选择矩形文本块，在拖动鼠标时应按住__44__键。

42. A. 两个句号之间的字符　　　B. 两个回车符之间的字符

C. 回车符与句号之间的字符　　D. 两个分隔符之间的字符

43. A. 双击　　B. 双击右键　　C. 单击　　D. 右击

44. A. <Ctrl>　　B. <Shift>　　C. <Esc>　　D. <Alt>

三十一、在 Word 中，当___45___时，鼠标指针变为“+”形状。

45. A. 指针指向窗口的边界　　B. 指针指向工具栏
C. 建立文本框　　D. 指针指向文本框

3.2.4 查找与替换

考点：掌握在 Word 2010 中查找与替换的方法。

三十二、执行“开始”选项卡“编辑”组中的“替换”命令，在对话框中指定了“查找内容”，但在“替换为”文本框内未输入任何内容，此时单击“全部替换”按钮，将___46___。

46. A. 只做查找不做任何替换　　B. 将所查到的内容全部替换为空格
C. 将所查到的内容全部删除　　D. 每查到一个，就询问“替换成什么？”

三十三、要迅速将插入点定位到第 10 页，可使用“查找和替换”对话框的___47___选项卡。

47. A. 替换　　B. 设备　　C. 定位　　D. 查找

三十四、在执行 Word 的“查找”命令查找“win”时，要使“windows”不被查到，应选中___48___复选框。

48. A. 区分大小写　B. 区分全半角　C. 全字匹配　　D. 模式匹配

三十五、在 Word 文档中，如果要连续查找 A1、A2……A9 等字符，最好的方法是在“查找”对话框的“查找内容”文本框中输入___49___。

49. A. A?，同时选择“使用通配符”复选项　　B. A*
C. A?，同时选择“全字匹配”复选项　　D. A1，A2，…，A9

三十六、在 Word 中，使用“查找/替换”功能不能实现___50___。使用“字数统计”不能得到___51___。

50. A. 删除文本　　B. 更正文本
C. 更改指定文本的格式　　D. 更改图片格式

51. A. 页数　　B. 节数　　C. 行数　　D. 段落数

3.2.5 文档复制和粘贴

考点：了解在 Word 2010 中复制和粘贴文档的方法。

三十七、在 Word 中，进行复制或移动操作的第一步必须是___52___。

52. A. 单击“粘贴”按钮　　B. 将插入点放在要操作的目标处
C. 单击“剪切”或“复制”按钮　D. 选定要操作的对象

三十八、若想将分布在 Word 文档中上百处的某个单词的格式设置为相同，最好的方法是___53___。

53. A. 格式刷　　B.“开始”→“编辑”→“替换”
C.“开始”→“字体”　　D. 字体框

三十九、在 Word 中，如果用户选中了大段文字，不小心按了空格键，则大段文字将被一个空格所代替，此时可用___54___操作还原到原先的状态。

54. A. 替换　　B. 粘贴　　C. 撤销　　D. 恢复

四十、关于剪贴板，下列说法中正确的是___55___，错误的是___56___。

55. A. 剪贴板是 Windows 在内存开设的一个暂存区域
　　B. 利用剪贴板对数据进行复制或移动仅限在同一应用程序内有效
　　C. 对选定的文本在不同的文档中进行复制或移动必须使用剪贴板
　　D. 在 Word 中，剪贴板最多可保存 10 次复制或剪切的内容

56. A. 要将剪贴板内的内容进行粘贴，只能是全格式的粘贴
　　B. 在 Word 中，“剪切”或“复制”命令是将选定的内容移入或复制到剪贴板
　　C. 在 Word 中，可将剪贴板中保存的若干次复制或剪切的内容一次性粘贴到一处
　　D. Word 的剪贴板与 Windows 下的剪贴板并不完全相同

四十一、关于 Word 剪贴板，下列说法中错误的是___57___。

57. A. 可将 Word 剪贴板中保存的若干次复制或剪切的内容清空
　　B. 可将选定的内容复制到 Word 剪贴板中
　　C. 可选择 Word 剪贴板中保存的某一项内容进行粘贴
　　D. 可查看 Word 剪贴板保存的所有形式（如文本、图片、对象等）的全部内容

四十二、在 Word 中，为把不相邻的两段文字互换位置，可做的操作是___58___；要将某一段落分成两段，可先将插入点移到要分段的地方，再按___59___键。

58. A. 剪切+复制　　B. 剪切+粘贴　　C. 剪切　　D. 复制+粘贴

59. A. <Enter>　　B. <Alt+Enter>　　C. <Insert>　　D. <Ctrl+Insert>

四十三、下列有关 Word 格式刷的叙述中，正确的是___60___。

60. A. 格式刷只能复制字体格式　　B. 格式刷可用于复制纯文本的内容
　　C. 格式刷只能复制段落格式　　D. 字体或段落格式都可以用格式刷复制

3.3 文档格式化

3.3.1 字符格式化

考点：掌握在 Word 2010 中字符格式化的方法。

四十四、关于字体格式设置的说法中，正确的是___61___。

61. A. 对整个文本有效
　　B. 只对插入点后的字符有效
　　C. 如果事先选定了文本，则对选定的文本有效，否则无效
　　D. 如果事先选定了文本，则对选定的文本以及新输入的字符有效，否则只对新输入的字符有效

3.3.2 段落格式化

考点：掌握在 Word 2010 中段落格式化的方法。

四十五、在 Word 中，设置段落缩进后，文本相对于纸的边界的距离等于___62___；如果进行缩进操作前没有选择文本范围，则该操作将运用于___63___。

62. A. 页边距+缩进　　　　　　　B. 页边距
　　C. 缩进距离　　　　　　　　D. 以上都不是

63. A. 插入点所在的段落　　　　B. 插入点以前的段落
　　C. 插入点以后的段落　　　　D. 所有段落

四十六、在 Word 窗口上部的标尺中可以直接设置的格式是___64___。

64. A. 字体　　B. 分栏　　C. 段落缩进　　D. 字符间距

四十七、在 Word 中删除一个段落标记符后，前后两段文字合并为一段，此时___65___。

65. A. 原段落字体格式不变　　　B. 采用后一段字体格式
　　C. 采用前一段字体格式　　　D. 变为默认字体格式

四十八、段落的形成是由于___66___；选择“段落”命令，可___67___。

66. A. 输入字符达到行宽就自动转入下一行
　　B. 按了<Shift+Enter>组合键
　　C. 有了空行作为分隔
　　D. 按了<Enter>键

67. A. 改变页面的宽窄　　　　　B. 改变分页符的宽窄
　　C. 改变段落的宽窄　　　　　D. 改变分隔符的宽窄

四十九、关于段落的格式化，下列说法中错误的是___68___，正确的是___69___。

68. A. 要对某段落进行格式化，事先必须选定该段落或者将光标置于该段
　　B. 对某段落进行格式化，可右击该段落，在弹出的快捷菜单中选择“段落”命令
　　C. 可使用标尺对某段落进行格式化
　　D. “段落间距”与“段落行距”是一回事

69. A. 段落的水平对齐只有“两端对齐”“右对齐”“居中”和“分散对齐”4种方式
　　B. 段落右对齐时，其左边会不齐
　　C. 功能区中按钮的作用是减少段落的缩进量
　　D. 给段落加边框使用的命令为“开始”→“段落”

五十、如果想将输入的字符全部集中在文档页面的左边显示，应采用的正确方法为___70___。

70. A. 将输入的字符选定，右缩进　　B. 将输入的字符选定，左缩进
　　C. 将右边界设大　　　　　　　　D. 用竖排文本框

五十一、关于行距，下列说法中错误的是___71___。

71. A. 行距的“默认值”为单倍行距
　　B. 行距的“最小值”是 Word 可调节的最小行距
　　C. 行距的“固定值”用于设置成不需要 Word 调节的固定行距
　　D. “多倍行距”是指行距按单倍行距的整数倍数增加

3.3.3 输入项目符号和编号

考点：掌握在 Word 2010 中输入项目符号和编号的方法。

五十二、项目编号的作用是___72___。

72. A. 为每个标题编号　　B. 为每个自然段编号
C. 为每行编号　　D. 以上都对

五十三、在 Word 中，多级列表是___73___。

73. A. 包含一个以上列表项的列表　　B. 主列表中各个列表项下有子列表的列表
C. 包含多个列表的文档　　D. 既包含编号又包含项目符号的列表

3.3.4 底纹与边框格式设置

考点：掌握在 Word 2010 中底纹与边框格式设置的方法。

五十四、在 Word 中，要向页面或文字添加边框或底纹，从___74___选项卡开始。

74. A. “绘图工具” / “格式”选项卡
B. “插入”选项卡
C. “页面布局”选项卡
D. 以上都可以

3.3.5 应用“样式”

考点：了解在 Word 2010 中应用“样式”的方法。

五十五、关于样式，下列说法中错误的是___75___，正确的是___76___。

75. A. 样式是多个格式排版命令的组合
B. 由 Word 本身自带的样式是不能修改的
C. 在功能区的样式可以是 Word 本身自带的也可以是用户自己创建的
D. 样式规定了文中标题、题注及正文等文本元素的格式

76. A. 样式是用户定义的一系列的排版格式
B. 段落样式仅仅是段落格式化命令的集合
C. 使用样式前应事先选定要应用样式的段落或字符
D. 字符样式对文档中的所有字符都起作用

3.3.6 首字（悬挂）下沉操作

考点：掌握在 Word 2010 中设置首字（悬挂）下沉。

五十六、将插入点置于设置了首字下沉的段落后，打开“首字下沉”对话框，单击___77___，再单击“确定”按钮，取消首字下沉。

77. A. 无　　B. 下沉　　C. 悬挂　　D. 取消

3.4 表格处理

3.4.1 表格的创建

考点：掌握在 Word 2010 中表格的创建方法。

五十七、下列操作中，___78___不能在 Word 文档中生成表格。

78. A. 单击“插入”选项卡中的“表格”按钮

B. 单击“插入”选项卡中的“插入表格”按钮

C. 单击“插入”选项卡中“形状”按钮中的“直线”

D. 选择某部分文本，执行“插入”→“表格”→“文字转换成表格”命令

五十八、在 Word 表格中，单元格内填写的信息___79___。

79. A. 只能是文字　　B. 只能是文字或符号

C. 只能是图像　　D. 文字、符号、图像均可

五十九、使用快速创建表格的方法能创建的最大表格为___80___。

80. A. 8 列 10 行　B. 10 列 8 行　C. 11 列 9 行　D. 10 行 9 列

3.4.2 表格的调整

考点：掌握在 Word 2010 中调整表格的方法。

六十、在 Word 的表格操作中，改变表格的行高与列宽可用鼠标操作，方法是___81___。

81. A. 当鼠标指针在表格线上变为双箭头形状时拖动鼠标

B. 双击表格线

C. 单击表格线

D. 单击“拆分单元格”按钮

六十一、在 Word 的表格中，将两个单元格合并后，原有两个单元格的内容___82___。

82. A. 合并成一段，但各自保存原来的格式

B. 合并成一段，格式以第一单元格为准

C. 分为两个段落，但各自保存原来的格式

D. 分为两个段落，格式以第一单元格为准

3.4.3 表格的编辑

考点：掌握在 Word 2010 中表格的文本编辑、公式计算的方法。

六十二、在 Word 表格中若要计算某列的总计值可以用到的统计函数为___83___。

83. A. SUM　B. ABS　C. AVERAGE　D. COUNT

3.4.4 表格的格式化

考点：了解在 Word 2010 中表格的格式化方法。

六十三、Word 中若要在表格的某个单元格中产生一条对角线，应该使用___84___。

84. A. 表格和边框工具栏中的“绘制表格”工具按钮

B.“插入”菜单中的“符号”命令

C.“表格”菜单中的“拆分单元格”命令

D. 绘图工具栏中的“直线”按钮

六十四、关于插入表格命令，下面说法中错误的是___85___。

85. A. 插入表格只能是 2 行 3 列　　B. 插入表格能够套用格式

C. 插入表格不能调整列宽　　D. 插入表格可自定义表格的行、列数

3.4.5 表格和文本的互换

考点：掌握在 Word 2010 中将文本转换成表格的方法。

六十五、下面有关 Word 2010 表格功能的说法中不正确的是__86__。

86. A. 不能设置表格的边框线
    B. 可以通过表格工具将表格转换成文本
    C. 表格的单元格中可以插入表格
    D. 表格中可以插入图片

3.5 在文档中插入对象

3.5.1 插入文本框

考点：掌握在 Word 2010 中插入文本框的方法。

六十六、选中文本框后，文本框边界显示__87__个控块。

87. A. 2　　B. 4　　C. 1　　D. 8

3.5.2 插入图片和形状

考点：掌握在 Word 2010 中插入图片和形状的方法。

六十七、在 Word 文档中插入了一幅图片，对此图片不能直接在文档窗口中进行的操作是__88__；在 Word 文档中，要使一个图片放在另一个图片上，可右击该图片，在弹出的快捷菜单中选择__89__命令。

88. A. 改变大小　　B. 移动　　C. 修改图片内容　　D. 叠放次序

89. A. 组合　　B. 置于顶层　　C. 更改图片　　D. 设置图片格式

六十八、在 Word 中，当插入图片后，希望形成水印图案，即文字与图案重叠，既能看到文字，又能看到图案，则应__90__；编辑文本时，为了使文字绕着插入的图片排列，可以进行的操作是__91__。

90. A. 将图片置于文本层之下　　B. 设置图片与文本同层
    C. 将图片置于文本之上　　D. 在图片中输入文字

91. A. 插入图片，设置图片文字环绕方式
    B. 插入图片，调整图片比例
    C. 建立文本框，设置文本框位置
    D. 插入图片，设置叠放次序

3.5.3 插入 SmartArt 图形

考点：了解在 Word 2010 中插入 SmartArt 图形的方法。

六十九、下面不是 SmartArt 图形主要布局类型的是__92__。

92. A. 射线图　　B. 循环图　　C. 矩阵图　　D. 层次结构图

3.5.4 插入公式

考点：了解在 Word 2010 中插入公式的方法。

七十、在 Word 中可以建立几乎所有的复杂公式，通过下列____93____方法实现。

93. A. 执行“格式”菜单中的“符号”命令
    B. Excel 公式
    C. 执行“插入”菜单中的“符号”命令
    D. 执行“插入”菜单的“对象”命令中选择公式编辑器

3.5.5 插入艺术字

考点：掌握在 Word 2010 中插入艺术字和设置艺术字文本效果的方法。

七十一、艺术字对象实际上是____94____。

94. A. 图形对象　　B. 文字对象
    C. 链接对象　　D. 既是文字对象又是图形对象

七十二、与选择普通文本不同，单击艺术字时，选中____95____。

95. A. 艺术字整体　　B. 一行艺术字
    C. 一部分艺术字　　D. 文档中所有插入的艺术字

3.5.6 插入超链接

考点：了解在 Word 2010 中插入超链接的方法。

七十三、访问 Word 中插入的超链接，需要配合____96____键。

96. A. < Ctrl >　　B. < Shift >　　C. < Enter >　　D. < Alt >

3.5.7 插入书签

考点：了解在 Word 2010 中插入书签的方法。

七十四、张编辑休假前正在审阅一部 Word 书稿，他希望回来上班时能够快速找到上次编辑的位置，在 Word 2010 中最优的操作方法是____97____。

97. A. 下次打开书稿时，直接通过滚动条找到该位置
    B. 记住一个关键词，下次打开书稿时，通过“查找”功能找到该关键词
    C. 记住当前页码，下次打开书稿时，通过“查找”功能定位页码
    D. 在当前位置插入一个书签，通过“查找”功能定位书签

3.5.8 插入图表

考点：了解在 Word 2010 中插入图表的方法。

七十五、在 Word 中对图表对象的编辑，下面叙述中不正确的是____98____。

98. A. 图例可以放置在图表区的任何位置
    B. 改变图表区对象的字体，将同时改变图表区内所有对象的字体
    C. 鼠标指向图表区的八个方向控制点之一拖放，可对图表进行缩放
    D. 不能实现将嵌入图表与独立图表互转

3.6 长文档编辑

3.6.1 文档应用主题效果

考点：了解在 Word 2010 中应用主题效果的方法。

七十六、应用主题可以更改整个文档的总体设计，不包括___99___。

99. A. 字数　B. 颜色　C. 字体　D. 效果

3.6.2 页面设置

考点：掌握在 Word 2010 中进行页面设置的方法。

七十七、关于页边距，下列说法中错误的是___100___。

100. A. 页边距是指文档中的文字和纸张边线之间的距离
B. 可用标尺进行页边距的设置
C. 在所有的视图下都能见到页边距
D. 设置页边距的命令为“文件”→“打印”→“页面设置”→“页边距”

3.6.3 页面背景设置

考点：掌握在 Word 2010 中进行页面背景设置的方法。

七十八、在 Word 中，要向文档添加背景，应单击“页面布局”选项卡的___101___命令。

101. A. 水印　B. 页面颜色　C. 页面背景　D. 以上均可

3.6.4 页码设置

考点：掌握在 Word 2010 中进行页码设置的方法。

七十九、在 Word 中可为文档添加页码，页码可以放在文档顶部或底部的___102___位置。

102. A. 左对齐　B. 居中　C. 右对齐　D. 以上均可

3.6.5 页眉与页脚

考点：掌握在 Word 2010 中插入页眉与页脚的方法。

八十、在 Word 中，页码与页眉、页脚的关系是___103___，输入页眉和页脚内容的命令在___104___选项卡里。

103. A. 页眉和页脚就是页码
B. 页码与页眉、页脚分别设定，彼此毫无关系
C. 欲设置页码必先设置页眉和页脚
D. 页码是页眉或页脚的一部分

104. A. 文件　B. 开始　C. 插入　D. 页面布局

3.6.6 分隔符

考点：了解在 Word 2010 中插入各种分隔符的方法。

八十一、在 Word 中，下面有关文档分页的叙述中，错误的是___105___。

105. A. 分页符也能打印出来
B. 可以自动分页，也可以人工分页
C. 按<Del>键可以删除人工分页符
D. 分页符标志着新一页的开始

八十二、在 Word 中，对内容不足一页的文档进行分栏时，首先应该___106___，然后使用___107___命令进行分栏。

106. A. 选定全部文档　　B. 选定除文末回车符以外的全部内容
C. 将插入点置于文档中部　　D. 以上都可以

107. A. “文件”→“打印”→“页面设置”→“文档网格”→“栏数”
B. “文件”→“打印”→“页面设置”→“文档网格”→“分栏”
C. “页面布局”→“分栏”
D. “开始”→“段落”→“换行与分页”

八十三、某个文档基本页设置为纵向，如果某一页需要以横向页面形式出现，则___108___。

108. A. 不可以这样做
B. 在该页开始处和该页的下一页开始处插入分节符，将该页通过页面设置为横向，但应用范围必须设为“本节”
C. 将整个文档分为两个文档来处理
D. 将整个文档分为 3 个文档来处理

3.6.7 脚注与尾注

考点：掌握在 Word 2010 中插入脚注与尾注的方法。

八十四、插入脚注与尾注的命令在___109___选项卡里。

109. A. 视图　　B. 审阅　　C. 插入　　D. 引用

3.6.8 目录与索引

考点：掌握在 Word 2010 中插入目录与索引的用途与方法。

八十五、通过单击“引用”选项卡中的“目录”命令创建目录之前，必须___110___。

110. A. 添加页码　　B. 为该目录创建一个新目录
C. 添加一个空白页　　D. 将光标置于需要创建目录的位置

3.6.9 修订与批注

考点：掌握在 Word 2010 中插入修订与批注的用途与方法。

八十六、关闭“修订”的作用是___111___。

111. A. 删除修订和批注　　B. 隐藏现有的修订和批注
C. 停止标记修订　　D. 以上都不对

八十七、在 Word 2010 中，可以通过___112___选项卡对所选内容添加批注。

112. A. 插入　　B. 页面布局　　C. 引用　　D. 审阅

第4章 电子表格处理软件 Excel 2010

4.1 Excel 2010 基础

4.1.1 Excel 2010 的用户界面

考点：了解 Excel 2010 用户界面的构成。

一、Excel 工作表的“编辑”栏包括__1__；其中__2__将显示在名称框中。

1. A. 名称框　B. 编辑框　C. 状态栏　D. 名称框和编辑框
2. A. 工作表名称　B. 行号　C. 列号　D. 当前单元格地址

4.1.2 Excel 2010 工作簿与工作表

考点：了解 Excel 2010 工作簿和工作表的定义。

二、Excel 是能在计算机上提供运算操作环境的__3__。Excel 工作簿由一系列的__4__组成。新创建的工作簿中，默认包含了__5__张工作表，第一张默认的工作表名是__6__

3. A. 软件　B. 表格　C. 图表　D. 数据库
4. A. 单元格　B. 文字　C. 工作表　D. 单元格区域
5. A. 5　B. 3　C. 1　D. 8
6. A. Word1　B. Book1　C. Excel1　D. Sheet1

三、Excel 2010 工作簿默认的文件扩展名为__7__。在 Excel 中单元格地址是指__8__，每个单元格都有固定的地址，如“A5”表示__9__。

7. A. .dat　B. .dbf　C. .xlsx　D. .xls
8. A. 每一个单元格的大小　B. 单元格所在的工作表
   C. 单元格在工作表中的位置　D. 每一个单元格
9. A. “A5”代表单元格的数据
   B. “A5”只是两个任意字符
   C. “A”代表“A”行，“5”代表第“5”列
   D. “A”代表“A”列，“5”代表第“5”行

四、表示以单元格 C5、F5、C8、F8 为 4 个顶点的单元格区域，正确的是__10__。

10. A. C5:C8；F5:N8　B. C5:F8
    C. C5:C8　D. F5:F8

五、在 Excel 工作表中，选择了一组单元格后，其中被选中区域＿＿11＿＿的第 1 个单元格成为活动单元格。

11. A. 左上角　B. 右上角　C. 左下角　D. 右下角

4.1.3　Excel 2010 基本操作

考点：了解 Excel 2010 的新建、保存、关闭等基本操作。

六、为了让保存后的工作簿可用 Excel 2010 以前的版本打开，可以在 Excel 2010 的“另存为”对话框的＿＿12＿＿下拉列表中选择“Excel 97-2003 工作簿”选项。

12. A. 保存类型　B. 文件名框　C. 搜索框　D. 地址框

七、Excel 工作簿中既有工作表又有图表时，执行“保存”或“另存为”命令后，＿＿13＿＿。

13. A. 只保存其中的工作表
 B. 只保存其中的图表
 C. 工作表和图表保存到同一文件中
 D. 工作表和图表保存到不同的两个文件中

4.1.4　管理工作表

考点：了解 Excel 2010 的工作簿和工作表的基本操作。

八、在 Excel 中，选定第 2、3 两行，执行“开始”→“单元格”→“插入”→“插入工作表行”命令后，插入了＿＿14＿＿。

14. A. 1 行　B. 2 行　C. 3 行　D. 错误

九、在 Excel 中，使用“开始”→“编辑”→“清除”命令，不能实现＿＿15＿＿。选中单元格后，按<Delete>键，将＿＿16＿＿。

15. A. 清除单元格中的批注　B. 清除单元格中的数据
 C. 清除单元格中数据的格式　D. 删除单元格

16. A. 删除选中单元格　B. 仅清除选中单元格中的内容
 C. 清除选中单元格中的格式　D. 删除选中单元格中的内容和格式

十、在 Excel 中，删除单元格的结果是＿＿17＿＿。

17. A. 仅将单元格的内容清除　B. 仅将该单元格的内容及格式清除
 C. 仅将单元格的格式清除　D. 该单元格将被右侧或下方单元格填补

十一、在 Excel 中使用＿＿18＿＿键可以选择不相邻的多个工作表。被删除的工作表＿＿19＿＿。

18. A. <Shift>　B. <Alt>　C. <Ctrl>　D. <Enter>

19. A. 将无法恢复　B. 可以被恢复到原来位置
 C. 可以被恢复为最后一张工作表　D. 可以被恢复为首张工作表

十二、设置单元格内文字自动换行，可以使用“设置单元格格式”对话框的＿＿20＿＿选项卡中的“自动换行”命令；在“设置单元格格式”对话框的“对齐”选项卡中，可以设置文本的水平与＿＿21＿＿对齐方式。

20. A. 数字　B. 对齐　C. 图案　D. 保护

21. A. 顶端　　B. 底端　　C. 垂直　　D. 居中

十三、在 Excel 中，有关数据清单的说法中正确的是___22___。

22. A. 数据清单中不能含有空行　　B. 数据清单中不能有空单元格
C. 数据清单就是工作表　　D. 每一行称为一个字段

4.2 输入与编辑数据

4.2.1 输入数据

考点：掌握 Excel 2010 中输入各种数据的方法。

十四、在 Excel 中，如果没有预先设定对齐方式，则文本型数据自动___23___，数值型数据自动___24___。

23. A. 左对齐　　B. 右对齐　　C. 中间对齐　　D. 视具体情况而定

24. A. 左对齐　　B. 右对齐　　C. 中间对齐　　D. 视具体情况而定

十五、在单元格中输入字符串 0771 的方法之一是：先输入___25___再输入 0771。在单元格中输入公式要以开始___26___。

25. A. 一个英文的逗号“,”　　B. 一个中文的单引号“‘”
C. 一个英文的单引号“'”　　D. 一个加号“+”

26. A. @　　B. =　　C. %　　D. $

十六、在单元格内输入日期时，一般使用___27___（不包括引号）来分隔日期的年、月、日。

27. A. “/”或“-”　　B. “ ”或“1”
C. “/”或“\”　　D. “\”或“-”

十七、当单元格太窄而导致单元格内的数值数据无法完全显示时，Excel 系统将以一串___28___显示，___29___的操作能将其中数据正确显示出来。

28. A. #　　B. *　　C. ?　　D. $

29. A. 加宽所在列的显示宽度　　B. 改变单元格的显示格式
C. 减少单元格的小数位数　　D. 取消单元格的保护状态

十八、以下不属于 Excel 2010 中数字分类的是___30___。

30. A. 常规　　B. 货币　　C. 文本　　D. 条形码

十九、在 Excel 2010 中要在某单元格中输入 1/2 应该输入___31___。

31. A. #1/2　　B. 0.5　　C. 0 1/2　　D. 1/2

二十、在 Excel 2010 中，如果给某单元格设置的小数位数为 2，则输入 100 时，单元格显示___32___。

32. A. 10000　　B. 1　　C. 100.00　　D. 100

二十一、在 Excel 2010 中要录入身份证号，数字分类应选择___33___格式。

33. A. 常规　　B. 数值　　C. 文本　　D. 科学计数

4.2.2 自动填充

考点：掌握 Excel 2010 的自动填充功能的使用。

二十二、在单元格中输入数值数据时，Excel 2010 填充命令中的___34___选项将不可用。

34. A. 系列　B. 两端对齐　C. 成组工作表　D. 向上

二十三、Excel 的填充功能不能实现___35___的操作。

35. A. 复制等差数列　B. 复制数据或公式到不相邻单元格中
C. 填充等比数列　D. 复制数据或公式到相邻单元格中

二十四、若单元格 A1=2，A2=4，连续选中 A1:A2，拖动填充柄至 A10，则 A1:A10 区域内各单元格填充的数据为___36___。

36. A. 2，4，6，…，20　B. 全部为 0
C. 全部为 2　D. 全部为 4

4.2.3 移动和复制数据

考点：掌握 Excel 2010 移动和复制数据的方法。

二十五、在 Excel 2010 中，仅把某单元格中的批注复制到另外一个单元格中的方法是___37___。

37. A. 复制原单元格到目标单元格执行粘贴命令
B. 复制原单元格到目标单元格执行选择性粘贴命令
C. 使用格式刷
D. 将两个单元格链接起来

4.3 工作表格式化操作

4.3.1 单元格格式设置

考点：了解 Excel 2010 中对单元格格式进行设置的方法。

二十六、在 Excel 2010 中要想设置行高、列宽，应选用___38___功能区中的“格式”命令。

38. A. 插入　B. 开始　C. 页面布局　D. 视图

4.3.2 样式设置

考点：掌握 Excel 2010 中对条件格式、套用表格格式和单元格样式进行设置的方法。

二十七、在 Excel 2010 中套用表格格式后，会出现___39___功能区选项卡。

39. A. 图片工具　B. 表格工具　C. 绘图工具　D. 其他工具

二十八、当鼠标指针变为___40___样式时，按下鼠标左键上下拖动鼠标可以改变行高。

40. A. 移动　B. 垂直调整　C. 水平调整　D. 超链接

二十九、设置单元格的"条件格式"选项中的数据条，可以帮助查看某个单元格相对于其他单元格中的值，数据条的长度代表___41___。

41. A. 单元格中数值的类型
B. 单元格中数值的位数
C. 单元格中数值的格式
D. 单元格中数值的大小，数值越大数据条就越长

4.3.3 页面布局

考点：了解 Excel 2010 中对主题和页面进行设置的方法。

三十、改变 Excel 工作表的打印方向（如横向，或竖向），可使用___42___。

42. A."格式"菜单中的"工作表"命令
B."文件"菜单中的"打印区域"命令
C."文件"菜单中的"页面设置"命令
D."插入"菜单中的"工作表"命令

三十一、Excel 中，打印工作簿时下面的表述，___43___是错误的。

43. A. 一次可以打印整个工作簿
B. 一次可以打印一个工作簿中的一个或多个工作表
C. 在一个工作表中可以只打印某一页
D. 不能只打印一个工作表中的一个区域位置

4.4 公式和函数

4.4.1 公式输入

考点：掌握 Excel 2010 中公式输入、修改和编辑的方法。

三十二、要在公式中引用某个单元的数据，应在公式中输入该单元格的___44___。

44. A. 格式　B. 附注　C. 数据　D. 名称（地址）

三十三、当单元格中显示的内容为"#NAME?"时，表示___45___；而当用错参数或运算对象类型时，将显示___46___；在公式或函数中使用了无效的数字值时，将显示___47___。

45. A. 使用了 Excel 不能识别的名称　B. 公式中的名称有问题
C. 公式中引用了无效的单元格　D. 无意义

46. A. #####!　B. #VALUE!　C. #NAME?　D. #DIV/0!

47. A. #NUM!　B. #VALUE!　C. #NAME?　D. #DIV/0!

三十四、Excel 有各种运算符，其中符号"<>"属于___48___。

48. A. 算术运算符 B. 比较运算符　C. 文本运算符　D. 逻辑运算符

三十五、优先级是公式的运算顺序，___49___是下面运算符中级别最高的。

49. A. >=（大于等于）　B. +（加号）

C. %（百分号） D. /（除号）

三十六、在工作表中，如果选择了输入有公式的单元格，则编辑框将显示 50 。

50. A. 公式 B. 公式的结果 C. 公式和结果 D. 空白

三十七、在工作表的 A1 单元格中输入公式：="1 / 1 / 97"+"1 / 2 / 97"，单击<Enter>键后，A1 单元格显示结果为 51 。

51. A. 两字符串相接 B. 两数值之和
C. #VALUE! D. 两日期相加

三十八、在 Excel 的单元格中，输入计算公式时 52 是不正确的。

52. A. =SUM(B2,C3) B. SUM(B2:C3)
C. =B2+B3+C2+C3 D. =B2+B3+C2+C3+5

三十九、单元格中的内容 53 。

53. A. 只能是数字 B. 只能是文字
C. 不可以是函数 D. 可以是文字，数字，公式

四十、单元区域（B14:C17，A16:D18，C15:E16）包括的单元格数目是 54 。

54. A. 26 B. 27 C. 28 D. 30

四十一、某区域由 A4、A5、A6 和 B4、B5、B6 组成，下列不能表示该区域的是 55 。

55. A. A4:B4 B. A4:B6 C. B6:A4 D. A6:B4

四十二、在 Excel 中，B1="足球"，B2="比赛"，D1=B1&B2，则 D1= 56 。

56. A. "足球比赛" B. "比赛足球"
C. #NAME? D. #NULL!

4.4.2 函数输入

考点：掌握 Excel 2010 中函数输入的方法。

四十三、下列函数的写法中， 57 是错误的。

57. A. SUM(A1:A3) B. AVERAGE(20,B1,A1:C1)
C. MAX(C4,C5) D. SUM[A1,A3]

4.4.3 单元格的引用

考点：掌握 Excel 2010 中单元格引用的类型和判别。

四十四、先在 D7 单元格内输入：=A7+$B$4，并按<Enter>键，再在第 3 行处插入一行后，D8 单元格中的公式为 58 。

58. A. :A8+$B$4 B. =A8+$B$5 C. =A7+$B$4 D. :A7+$B$5

四十五、进行 Excel 公式复制时，为使公式中的 59 ，必须使用绝对地址（引用）。

59. A. 单元格地址随新位置而变化 B. 范围随新位置而变化
C. 单元格地址不随新位置而变化 D. 范围大小随新位置而变化

四十六、在行号和列号前加$符号，代表绝对引用。绝对引用表 Sheet2 中从 A2 到 C5 区域的公式为 60 。

60. A. Sheet2!A2:C5 B. Sheet2!$A2: $C5

C. Sheet2! \$A\$2: \$C\$5　　D. Sheet2! \$A2:C5

四十七、在 Excel 中，将 D4 内的公式：=SUM(D1:D3)复制到 E4 单元格，则 E4 内的公式为__61__。

61. A. =SUM(D1:D3)　　B. SUM(E1:E3)

C. =SUM(E1:E3)　　D. SUM(D1:D3)

四十八、在 Excel 工作表单元格中输入公式时，F\$2 的单元格引用方式称为__62__。

62. A. 相对引用　B. 绝对引用　C. 交叉引用　D. 混合引用

四十九、在 Excel 中，下列属于绝对引用的是__63__。

63. A. =A1+A3　B. =\$A\$1+\$B\$3　C. =A\$1+B\$1　D. =\$A\$1+C1

4.4.4 求和函数 SUM

考点：掌握 Excel 2010 中求和函数 SUM 的使用。

五十、Excel 公式：=SUM（B2:D3,A1）代表的含义是__64__。

64. A. =B2+B3+D2+D3+A1　　B. =B2+D3+A1

C. =B2+B3+C2+C3+D2+D3+A1　　D. =B2+B3+C2+C3+A1

五十一、在 Excel 中，公式：=SUM(8,MIN(55,4,18,24))的值为__65__。

65. A. 55　B. 16　C. 12　D. 22

4.4.5 求平均值函数 AVERAGE

考点：掌握 Excel 2010 中平均值函数 AVERAGE 的使用。

五十二、关于公式 =AVERAGE (A2:C2 B1:B10)和公式=AVERAGE (A2:C2B1:B10)，下列说法正确的是__66__。

66. A. 计算结果一样的公式　　B. 第一个公式写错了，没有这样的写法

C. 两个公式都对　　D. 第二个公式写错了，没有这样的写法

五十三、已知单元格 A1 的值为 60，A2 的值为 70，A3 的值为 80，在单元格 A4 中输入公式为:SUM(A1:A3)/AVERAGE(A1+A2+A3)，则单元格 A4 的值为__67__。

67. A. 1　B. 2　C. 3　D. 4

4.4.6 求最大/最小值函数 MAX/MIN

考点：掌握 Excel 2010 中最大/最小值函数 MAX/MIN 的使用。

五十四、函数__68__给出选定单元格区域内数值的最大值。

68. A. SUM()　B. COUNT()　C. AVERAGE()　D. MAX()

4.4.7 统计函数 COUNT

考点：掌握 Excel 2010 中统计函数 COUNT 的使用。

五十五、在 Excel 中，用于计算包含数字的单元格以及参数列表中数字的个数的函数是__69__。

69. A. COUNT　B. AVERAGE　C. MAX　D. SUM

4.4.8 逻辑条件函数 IF

考点：掌握 Excel 2010 中逻辑条件函数 IF 的使用。

五十六、某单元格中的公式为：=IF("学生"<>"老师"，TRUE，FALSE)，其运算结果为___70___。

70. A. TRUE　　B. FALSE　　C. 学生　　D. 老师

五十七、假如单元格 D2 的值为 6，则函数=IF(D2>8,D2/2,D2*2)的结果为___71___。

71. A. 3　　B. 6　　C. 8　　D. 12

4.4.9 排名函数 RANK

考点：掌握 Excel 2010 中排名函数 RANK 的使用。

五十八、在 RANK 函数中，对于参数 order，填入___72___是没有升序功能。

72. A. 0　　B. 1　　C. 2　　D. 3

4.4.10 日期时间函数 YEAR、NOW

考点：了解 Excel 2010 中日期时间函数 YEAR、NOW 的使用。

五十九、___73___函数可以返回某日期对应的年份。

73. A. YEAR　　B. NOW　　C. DATA　　D. MONTH

六十、___74___函数可以返回某日期对应的时间。

74. A. YEAR　　B. NOW　　C. DATA　　D. MONTH

4.5 专业函数

4.5.1 条件求和函数 SUMIF

考点：了解 Excel 2010 中条件求和函数 SUMIF 的使用。

六十一、___75___函数可以对区域中符合单个条件的单元格进行求和。

75. A. SUMIF　　B. SUMIFS　　C. COUNTIF　　D. COUNTIFS

4.5.2 多条件求和函数 SUMIFS

考点：了解 Excel 2010 中多条件求和函数 SUMIFS 的使用。

六十二、___76___函数可以对区域中符合多个条件的单元格进行求和。

76. A. SUMIF　　B. SUMIFS　　C. COUNTIF　　D. COUNTIFS

4.5.3 条件统计函数 COUNTIF

考点：了解 Excel 2010 中条件统计函数 COUNTIF 的使用。

六十三、___77___函数可以对区域中符合单个条件的单元格进行计数。

77. A. SUMIF　　B. SUMIFS　　C. COUNTIF　　D. COUNTIFS

4.5.4 多条件统计函数 COUNTIFS

考点：了解 Excel 2010 中多条件统计函数 COUNTIFS 的使用。

六十四、___78___函数可以对区域中符合多个条件的单元格进行计数。

78. A. SUMIF　　B. SUMIFS　　C. COUNTIF　　D. COUNTIFS

4.5.5 搜索元素函数 VLOOKUP

考点：了解 Excel 2010 中搜索元素函数 VLOOKUP 的使用。

六十五、在 VLOOKUP 函数中，对于最后一个参数，填入值___79___代表精确匹配。

79. A. 0　　B. 1　　C. 2　　D. 3

4.5.6 财务函数 FV、PMT

考点：了解 Excel 2010 中财务函数 FV、PMT 的用途。

六十六、___80___函数可以预测投资收益。

80. A. PMT　　B. FV　　C. SUM　　D. AVERAGE

六十七、___81___函数可以计算每期还贷额。

81. A. PMT　　B. FV　　C. SUM　　D. AVERAGE

4.6 Excel 图表应用

4.6.1 图表概述

考点：了解 Excel 2010 中图表的类型与用途。

六十八、Excel 2010 默认的图表类型为___82___。制作图表的数据不可直接取自___83___。

82. A. 折线图　　B. 柱形图　　C. 条形图　　D. 饼图

83. A. 分类汇总后的结果　　B. 数据透视表的结果
    C. 工作表中的数据　　D. 计算器

六十九、对于 Excel 所提供的数据图表，下列说法正确的是___84___。

84. A. 独立式图表是与工作表相互无关的表
    B. 独立式图表是将工作表数据和相应图表分别存放在不同的工作簿中
    C. 独立式图表是将工作表数据和相应图表分别存放在不同的工作表中
    D. 当工作表数据变动时，与它相关的独立式图表不能自动更新

4.6.2 创建图表

考点：掌握 Excel 2010 中图表的创建方法。

七十、在 Excel 中创建图表可使用___85___。

85. A. 模板　　B. 图表向导　　C. 插入对象　　D. 图文框

4.6.3 图表编辑和格式化

考点：掌握 Excel 2010 中图表的编辑和格式化的方法。

七十一、在 Excel 中，图表是动态的，改变图表____86____后，系统会自动更新图表。

86. A. X 轴数据　B. Y 轴数据　C. 图例　D. 所依赖数据

七十二、下面的____87____选项能实现删除图表中数据系列。

87. A. 删除源数据表格中对应的数据系列
    B. 取消数据列的选择
    C. 取消数据表格的选择
    D. 取消图表的选择

七十三、对建立的图表进行修改时，下列叙述中正确的是____88____。

88. A. 先修改工作表的数据，再对图表作相应的修改
    B. 只要修改或删除工作表中的数据，图表中对应的对象就自动更改或删除
    C. 先修改图表中的数据点，再对工作表中相关数据进行修改
    D. 当在图表中删除了某个对象，则工作表中对相的数据也被删除

4.6.4 迷你图

考点：了解 Excel 2010 中迷你图的分类和创建方法。

七十四、对于 Excel 图表，下面说法中正确的是____89____。

89. A. 迷你图不可以放置在某个单元格中
    B. 图表也可以插入到一张新工作表中
    C. 不能在工作表中嵌入图表
    D. 插入的图表不能在工作表中任意移动

4.7 Excel 数据应用与分析

4.7.1 数据排序

考点：掌握 Excel 2010 中数据排序的方法。

七十五、在 Excel 中，使用功能区的“开始”→“编辑”→“排序和筛选”→“自定义排序”命令，在“排序”对话框中添加关键字操作时，其中____90____；下面关于在“数据清单”中进行排序的叙述中不正确的是____91____。

90. A. 可以 1 个关键字都不指定　B. 至少要指定 3 个关键字
    C. “主要关键字”必须指定　D. 主、次要关键字都必须指定

91. A. 可以对数据列表（清单）按列或按行排序
    B. 只有一个排序关键字时，可使用工具栏中“AZ↓”或“ZA↓”按钮
    C. 使用“AZ↓”或“ZA↓”按钮排序时，只能改变排序列的次序，其他列数据不同步变化

D. 不能使用“AZ↓”或“ZA↓”按钮排序对多个关键字排序，当要对多个关键字排序时，不能使用“数据”→“排序”命令

4.7.2 数据筛选

考点：掌握 Excel 2010 中数据筛选的方法。

七十六、关于被筛选掉记录的叙述，下面说法__92__是错误的。

92. A. 不打印被筛选掉记录　　B. 不显示被筛选掉记录
　　C. 被筛选掉记录将被删除　　D. 被筛选掉记录是可以恢复的

七十七、用筛选条件“数学 > 65 与总分 > 250”对成绩数据表进行筛选后，筛选结果中都是__93__。

93. A. 数学高于 65 分的记录
　　B. 数学高于 65 分且总分高于 250 分的记录
　　C. 总分高于 250 分的记录
　　D. 数学高于 65 分或总分高于 250 分的记录

七十八、高级筛选的条件区域__94__。

94. A. 一定要放在数据表的前几行
　　B. 一定要放在数据表的后几行
　　C. 一定要放在数据表中间某单元格
　　D. 可以放在数据表的前几行或后几行

七十九、关于筛选与排序的叙述正确的是__95__。

95. A. 排序重排数据清单；筛选是显示满足条件的行，暂时隐藏不必显示的行
　　B. 筛选重排数据清单；排序是显示满足条件的行，暂时隐藏不必显示的行
　　C. 排序是查找和处理数据清单中数据子集的快捷方法；筛选是显示满足条件的行
　　D. 排序不重排数据清单；筛选重排数据清单

4.7.3 数据分类汇总

考点：掌握 Excel 2010 中数据分类汇总的方法。

八十、Excel 2010 中，在对某个数据库进行分类汇总之前必须__96__。

96. A. 不应对数据排序　　B. 使用数据记录单
　　C. 设置筛选条件　　D. 应对数据库的分类字段进行排序

八十一、在分类汇总前，要先对分类的字段进行__97__操作。

97. A. 筛选　　B. 排序　　C. 筛选后排序　　D. 排序后筛选

八十二、在 Excel 的数据清单中，有姓名、性别、专业、助学金等字段，现要计算各专业发放的助学金总和，应该先按__98__进行排序，然后再进行分类汇总。

98. A. 姓名　　B. 专业　　C. 性别　　D. 助学金

4.7.4 数据透视表/图

考点：掌握 Excel 2010 中数据透视表/图的创建方法。

八十三、当前工作表上有一个学生情况数据列表（包含学号、姓名、专业、3 门主课成绩等字段），如欲分别按专业、按性别计算每门课的平均成绩，最合适的方法是用___99___。

99. A. 数据透视表　　B. 筛选
　　C. 排序　　D. 分类汇总

八十四、Excel 中的数据透视表的功能是要做___100___。

100. A. 交叉分析表　　B. 数据排序
　　C. 图表　　D. 透视

八十五、在 Excel 数据透视表的数据区域中默认的字段汇总方式是___101___。

101. A. 求和　　B. 平均值　　C. 乘积　　D. 最大值

八十六、在建立 Excel 数据透视表时，拖入数据区的汇总对象如果是非数字型字段，则默认对其计数；若为数字型字段，则默认为对其___102___。

102. A. 计数　　B. 平均值　　C. 求和　　D. 排序

4.7.5 数据有效性

考点：了解 Excel 2010 中数据有效性的设置。

八十七、在 Excel 中通过对___103___进行设置，可以避免输入有逻辑错误的数据。

103. A. 数据有效性　　B. 条件格式
　　C. 无效范围　　D. 出错警告

八十八、如果字段“成绩”的取值范围为 0～100，则错误的有效性规则是___104___。

104. A. >=0 AND <=100　　B. [成绩]>=0 AND [成绩]<=100
　　C. 成绩>=0 AND 成绩<=100　　D. 0<=[成绩]<=100

演示文稿制作软件 PowerPoint 2010

5.1 PowerPoint 2010 概述

5.1.1 PowerPoint 2010 常用术语

考点：了解 PowerPoint 2010 的常用术语。

一、对于 PowerPoint 2010，下列叙述中正确的是__1__。

1. A. 在 PowerPoint 中，每一张幻灯片就是一个演示文稿
   B. 每当新建一张新幻灯片时，PowerPoint 要为用户提供若干种幻灯片参考版式
   C. 用 PowerPoint 只能创建、编辑演示文稿，而不能播放演示文稿
   D. 一个演示文稿中的多张幻灯片可以有不同的主题

二、PowerPoint 2010 中，下面说法中正确的是__2__。

2. A. PowerPoint 2010 不能保存成 PowerPoint 2003 兼容的文件格式
   B. PowerPoint 2010 不能打开 PowerPoint 2003 格式的文件
   C. PowerPoint 2003 可以直接打开 PowerPoint 2010 格式的文件
   D. PowerPoint 2003 安装 PowerPoint 2010 格式的兼容包后，可以打开 PowerPoint 2010 格式的文件

5.1.2 PowerPoint 2010 窗口界面

考点：了解 PowerPoint 2010 的窗口界面。

三、位于 PowerPoint 2010 窗口界面底部的是__3__。

3. A. 功能区　　B. 工作区域　　C. 状态栏　　D. 菜单栏

5.1.3 PowerPoint 2010 的视图

考点：了解 PowerPoint 2010 的各种视图。

四、__4__是制作幻灯片的主要视图。

4. A. 浏览视图　　B. 备注页视图　　C. 普通视图　　D. 阅读视图

五、在 PowerPoint 2010 中，__5__可在幻灯片浏览视图中进行。

5. A. 设置幻灯片的动画效果　　B. 读入 Word 文稿的内容
   C. 幻灯片文本的编辑修改　　D. 交换幻灯片的次序

六、PowerPoint 2010 中，移动幻灯片操作一般使用__6__模式比较方便。

6. A. 阅读视图　　B. 普通视图　　C. 幻灯片浏览视图 D. 幻灯片放映视图

七、在 PowerPoint 2010 的幻灯片浏览视图下，不能完成的操作是___7___。

7. A. 调整个别幻灯片位置　　B. 删除个别幻灯片
   C. 编辑个别幻灯片内容　　D. 复制个别幻灯片

5.1.4 演示文稿的基本操作

考点：掌握 PowerPoint 2010 演示文稿的创建、删除、保存、关闭的基本操作。

八、PowerPoint 2010 演示文稿的扩展名是___8___。

8. A. .ppt　　B. .pptx　　C. .xslx　　D. .docx

九、下面关于 PowerPoint 2010 的说法正确的是___9___。

9. A. 用 PowerPoint 2003 打开 PowerPoint 2010 格式的文件时，PowerPoint 2010 提供的某些功能和效果不会丢失，在 PowerPoint 2003 完全正常使用
   B. 在将视频插入演示文稿中时，这些视频没有成为演示文稿文件的一部分，所以在移动演示文稿到另外的文件夹时，会出现视频文件丢失的情况
   C. PowerPoint 2010 没有剪裁视频的功能
   D. PowerPoint 2010 演示文稿中可以添加屏幕截图，而无须离开 PowerPoint

十、下面关于 PowerPoint 2010 的说法不正确的是___10___。

10. A. PowerPoint 模板是扩展名为.potx 的文件，使用模板可快速地创建演示文稿
    B. 模板可以包含版式、主题颜色、主题字体、主题效果、背景样式，甚至可以包含内容
    C. PowerPoint 2010 中，“样本模板”就是 PowerPoint 内置的模板，已预装在系统中可以直接使用
    D. PowerPoint 2010 中，“Office.com 模板”已预装在系统中，不必连接到 Internet 下载就可以直接使用

十一、幻灯片模板文件的默认扩展名是___11___。

11. A. ppsx　　B. pptx　　C. potx　　D. docx

十二、在一个演示文稿中选定一张幻灯片，按<Delete>键，则___12___。

12. A. 这张幻灯片被删除，且不能恢复
    B. 这张幻灯片被删除，但能恢复
    C. 这张幻灯片被删除，但可以利用回收站恢复
    D. 这张幻灯片被移到回收站内

5.2 PowerPoint 2010 演示文稿的制作

5.2.1 演示文稿的输入和插入对象

考点：掌握 PowerPoint 2010 演示文稿的文本输入和插入对象的方法。

十三、PowerPoint 2010 中关于声音的使用，正确的是___13___。

13. A. 在幻灯片中用一个小喇叭表示插入的声音
    B. 在 PowerPoint 插入的声音文件，不可以循环播放
    C. 在 PowerPoint 可以插入任何格式的声音文件
    D. 在 PowerPoint 插入声音文件后不可以删除

十四、在 PowerPoint 2010 中，要在选定的幻灯片版式中输入文字，方法是__14__。

14. A. 直接输入文字
    B. 首先单击占位符，然后才可输入文字
    C. 首先删除占位符中的系统显示的文字，然后才可输入文字
    D. 首先删除占位符，然后才可输入文字

十五、关于 PowerPoint 2010，下面说法中正确的是__15__。

15. A. 不能将幻灯片文本转换为 SmartArt 图形
    B. 可以将 SmartArt 图形中的个别形状制成动画
    C. SmartArt 图形不包含层次结构图
    D. 不能在 SmartArt 图形中添加文字

十六、对于幻灯片上的声音，若已选择在演示时隐藏声音图标，则下列哪项启动设置与隐藏图标不兼容。__16__

16. A. 声音自动启动
    B. 单击幻灯片时启动声音
    C. 单击幻灯片上的形状时启动声音
    D. 单击幻灯片上的声音图标时启动声音

十七、幻灯片声音的播放方式是__17__。

17. A. 执行到该幻灯片时自动播放
    B. 执行到该幻灯片时不会自动播放,须双击该声音图标才能播放
    C. 执行到该幻灯片时不会自动播放,须单击该声音图标才能播放
    D. 由插入声音图标时的设定决定播放方式

5.2.2 演示文稿的编辑

考点：掌握 PowerPoint 2010 演示文稿的编辑方法。

十八、在 PowerPoint 2010 中，如果要为演示文稿快捷地设定整体、专业的外观，可使用幻灯片设计中的__18__。

18. A. 背景　　B. 设计主题　　C. 配色方案　　D. 占位符

十九、在 PowerPoint 2010 中，将涉及其组成对象的种类以及对象间相互位置的问题称为__19__。

19. A. 主题设计　B. 版式设计　　C. 动画效果　　D. 配色方案

二十、如果对一张幻灯片使用了系统提供的某种版式，对其中各个对象的占用位符__20__。

20. A. 只能用具体内容去替换，不可删除
    B. 不能移动位置，也不能改变格式

C. 可以删除，也可在幻灯片中再插入新的对象

D. 可以删除，但不能在幻灯片中再插入新的对象

二十一、幻灯片版式中的虚线框是__21__。

21. A. 占位符　B. 图文框　C. 特殊字符　D. 显示符

二十二、关于 PowerPoint 2010 中的设计主题，下列说法中正确的是__22__。

22. A. 所有设计主题都是系统自带的

B. 用户可以创建自己的设计主题

C. 演示文稿所用的设计主题不能更换

D. 设计主题文档的扩展名为 ppt

二十三、关于 PowerPoint 2010，下面说法中正确的是__23__。

23. A. 使用主题可以简化演示文稿的创建过程

B. 一个演示文稿只能有一个主题

C. 每个演示文稿一定要有主题

D. 更改幻灯片的主题是在“切换”选项卡中进行

5.3 PowerPoint 2010 演示文稿的放映

5.3.1 演示文稿放映概述

考点：了解演示文稿放映概述。

二十四、PowerPoint 2010 中如果一组幻灯片中的几张暂时不想让观众看见，最好使用什么方法。__24__

24. A. 隐藏这些幻灯片

B. 删除这些幻灯片

C. 新建一组不含这些幻灯片的演示文稿

D. 自定义放映方式时取消这些幻灯片

5.3.2 设置幻灯片放映的切换方式

考点：掌握设置 PowerPoint 2010 幻灯片放映的切换方式的方法。

二十五、幻灯片的切换方式是指__25__。

25. A. 在编辑新幻灯片时的过渡形式

B. 在编辑幻灯片时切换不同的视图

C. 在编辑幻灯片时切换不同的设计主题

D. 在幻灯片放映时两张幻灯片间的过渡形式

二十六、关于幻灯片切换，下列说法中正确的是__26__。

26. A. 可设置进入效果　B. 可设置切换音效

C. 可用鼠标单击切换　D. 以上都对

5.3.3　设置幻灯片放映的动画效果

考点：掌握设置 PowerPoint 2010 幻灯片放映的动画效果的方法。

二十七、可以为一种元素设置＿＿27＿＿动画效果。

27. A. 一种　　B. 不多于两种　　C. 多种　　D. 以上都不对

二十八、在 PowerPoint 2010 中，“添加动画”的功能是＿＿28＿＿。

28. A. 插入 Flash 动画　　B. 设置放映方式
C. 设置幻灯片的放映方式　　D. 给幻灯片内的对象添加动画效果

二十九、已设置了幻灯片的动画，但没有显示动画效果，是因为＿＿29＿＿。

29. A. 没有切换到普通视图　　B. 没有切换到幻灯片浏览视图
C. 没有切换到幻灯片放映视图　　D. 没有设置动画

三十、关于 PowerPoint 的自定义动画功能，以下说法中错误的是＿＿30＿＿。

30. A. 各种对象均可设置动画　　B. 动画设置后先后顺序不可改变
C. 同时还可配置声音　　D. 可将对象设置成播放后隐藏

5.3.4　设置幻灯片的超链接效果

考点：了解设置 PowerPoint 2010 幻灯片的超链接效果的方法。

三十一、在 PowerPoint 2010 演示文稿中，插入超级链接中所链接的目标不能是＿＿31＿＿。

31. A. 另一个演示文稿　　B. 同一演示文稿的某一张幻灯片
C. 其他应用程序　　D. 幻灯片中的某个对象

三十二、PowerPoint 2010 的“超级链接”命令的作用是＿＿32＿＿。

32. A. 插入幻灯片 B. 复制幻灯片　　C. 内容跳转　　D. 删除幻灯片

5.3.5　幻灯片的放映控制

考点：了解设置 PowerPoint 2010 幻灯片的放映方式的方法。

三十三、在 PowerPoint 2010 中，功能键<F5>的功能是＿＿33＿＿。

33. A. 打开文件　　B. 观看放映　　C. 打印预览　　D. 结束放映

三十四、PowerPoint 演示文稿包含了 20 张幻灯片，需要放映奇数页幻灯片，最优的操作方法是＿＿34＿＿。

34. A. 将演示文稿的偶数张幻灯片删除后再放映
B. 将演示文稿的偶数张幻灯片设置为隐藏后再放映
C. 将演示文稿的所有奇数张幻灯片添加到自定义放映方案中，然后再放映
D. 设置演示文稿的偶数张幻灯片的换片持续时间为 0.01 秒，自动换片时间为 0 秒，然后再放映

三十五、李老师制作完成了一个带有动画效果的 PowerPoint 教案，她希望在课堂上可以按照自己讲课的节奏自动播放，最优的操作方法是＿＿35＿＿。

35. A. 为每张幻灯片设置特定的切换持续时间，并将演示文稿设置为自动播放
B. 在练习过程利用“排练计时”功能记录适合的幻灯片切换时间，然后播放即可

C. 根据讲课节奏，设置幻灯片中每一个对象的动画时间，以及每张幻灯片的自动换片时间

D. 将 PowerPoint 教案另存为视频文件

5.4 幻灯片制作的高级技巧

考点：掌握 PowerPoint 2010 幻灯片母版和分节的使用方法。

三十六、关于 PowerPoint 2010 幻灯片母版的使用，不正确的说法是____36____。

36. A. 通过对母版的设置，可以控制幻灯片中不同部分的表现形式
B. 通过对母版的设置，可以预定义幻灯片的前景、背景颜色和字体的大小
C. 修改母版不会对演示文稿中任何一张幻灯片带来影响
D. 每个演示文稿至少包含一个幻灯片母版

三十七、在幻灯片母版中插入的对象，只有在____37____中才能修改。

37. A. 普通视图　B. 幻灯片母版　C. 讲义母版　D. 浏览视图

三十八、PowerPoint 2010 中，有关幻灯片母版的说法中错误的是____38____。

38. A. 只有标题区、对象区、日期区、页脚区
B. 可以更改占位符的大小和位置
C. 可以设置占位符的格式
D. 可以更改文本格式

三十九、小明利用 PowerPoint 制作一份考试培训的演示文稿，他希望在每张幻灯片中添加包含“样例”文字的水印效果，最优的操作方法是____39____。

39. A. 通过“插入”选项卡上的“插入水印”功能输入文字并设定版式
B. 在幻灯片母版中插入包含“样例”二字的文本框，并调整其格式及排列方式
C. 将“样例”二字制作成图片，再将该图片作为背景插入并应用到全部幻灯片中
D. 在一张幻灯片中插入包含“样例”二字的文本框，然后复制到其他幻灯片

四十、在 PowerPoint 演示文稿中通过分节组织幻灯片，如果要选中某一节内的所有幻灯片，最优的操作方法是____40____。

40. A. 按<Ctrl+A>组合键
B. 选中该节的一张幻灯片，然后按住<Ctrl>键，逐个选中该节的其他幻灯片
C. 选中该节的第一张幻灯片，然后按住<Shift>键，单击该节的最后一张幻灯片
D. 单击节标题

四十一、小刘正在整理公司各产品线介绍的 PowerPoint 演示文稿，因幻灯片内容较多，不易于对各产品线演示内容进行管理。快速分类和管理幻灯片的最优操作方法是____41____。

41. A. 将演示文稿拆分成多个文档，按每个产品线生成一份独立的演示文稿
B. 为不同的产品线幻灯片分别指定不同的设计主题，以便浏览
C. 利用自定义幻灯片放映功能，将每个产品线定义为独立的放映单元
D. 利用节功能，将不同的产品线幻灯片分别定义为独立节

第 6 章 网络基础及 Internet 应用

6.1 计算机网络基础知识

6.1.1 计算机网络概述

考点：了解计算机网络的定义、组成、产生与发展，掌握计算机网络的主要功能。

一、在计算机系统中，通常所说的“系统资源”指的是__1__。

1. A. 硬件　B. 软件　C. 数据　D. 以上三者都是

二、计算机网络最突出的优点是__2__。

2. A. 共享软、硬件资源　B. 运算速度快
   C. 可以互相通信　D. 内存容量大

三、计算机网络是计算机技术和__3__相结合的产物。所谓互联网是由__4__相互连接而成。

3. A. 系统集成技术　B. 网络技术
   C. 微电子技术　D. 通信技术
4. A. 大型主机与远程终端　B. 若干台大型主机
   C. 同种类型的网络及其产品　D. 同种或者异种网络及其产品

四、以下关于计算机网络的讨论中，__5__是正确的。

5. A. 组建计算机网络的目的是实现局域网的互联
   B. 联入网络的所有计算机都必须使用同样的操作系统
   C. 网络必须采用一个具有全局资源调度能力的分布式操作系统
   D. 互联的计算机是分布在不同地理位置的多台独立的自治计算机系统

五、一般来说，计算机网络可以提供的功能有__6__。

6. A. 资源共享、综合信息服务　B. 信息传输与集中处理
   C. 均衡负荷与分布处理　D. 以上都是

六、计算机网络的构成可分为__7__、网络软件两部分。

7. A. 体系结构　B. 传输介质　C. 通信设备　D. 网络硬件

七、下列各指标中，__8__是数据通信系统的主要技术指标之一。

8. A. 重码率　B. 传输速率　C. 分辨率　D. 时钟主频

八、现代计算机网络都采用__9__结构。

9. A. 平行式　B. 分组式　C. 层次式　D. 并列式

九、通过传输速率为 2Mbps 的宽带上网，每秒钟最多可以传输的字节数为＿＿10＿＿。

10. A. 1024　　B. 2048　　C. 256K　　D. 2048K

十、计算机通信就是将一台计算机产生的数字信息通过＿＿11＿＿传送给另一台计算机。

11. A. 数字信道　　B. 通信信道　　C. 模拟信道　　D. 传送信道

6.1.2 计算机网络的分类

考点：掌握计算机网络按拓扑结构和按网络覆盖的地理范围的分类，了解计算机网络按通信传播方式的分类。

十一、以下关于计算机网络的叙述中正确的是＿＿12＿＿。

12. A. 受地理约束
    B. 不能实现资源共享
    C. 不能远程信息访问
    D. 不受地理约束、实现资源共享、远程信息访问

十二、所有主机结点通过相应硬件接口连在一根中心传输线上的拓扑结构是＿＿13＿＿拓扑。

13. A. 网状　　B. 星状　　C. 环状　　D. 总线状

十三、根据网络的覆盖范围，计算机网络可分成＿＿14＿＿。在一所大学中，连接各个系的局域网的校园网＿＿15＿＿。

14. A. 校园网和 Intranet 网　　B. 专用网和公用网
    C. 局域网、广域网和城域网　　D. 国内网和国际网

15. A. 是广域网　　B. 是城域网
    C. 是局域网　　D. 这些局域网不能互连

十四、广域网是由＿＿16＿＿组成的。Internet 在计算机网络分类中属于＿＿17＿＿。ISDN 是＿＿18＿＿的英文简称。

16. A. 两个局域网互连
    B. 两个城域网互连
    C. 多个局域网、城域网通过通信子网（公共网络）互连
    D. 一个局域网和一个城域网互连

17. A. LAN　　B. MAN　　C. WAN　　D. PPN

18. A. 因特网　　B. 专用网
    C. 综合业务数字网　　D. 国际互连网

十五、计算机网络按拓扑结构分类可分成＿＿19＿＿、树状网、总线型网、环状网、网状网及混合网。

19. A. 星状网　　B. 并联型网　　C. 串联型网　　D. 标准型网

十六、下列不属于网络拓扑结构形式的是＿＿20＿＿。

20. A. 星状　　B. 环状　　C. 总线状　　D. 分支

十七、广域网中采取的传输方式一般是＿＿21＿＿。

21. A. 存储转发　　B. 广播　　C. 集中传输　　D. 分布传输

十八、计算机网络的拓扑结构中的“节点”不能是＿＿22＿＿。

22. A. 光盘　　B. 计算机　　C. 交换机　　D. 路由器

6.1.3 计算机网络协议和网络体系结构

考点：了解网络协议的组成要素，掌握 OSI 参考模型和 TCP/IP 参考模型的体系结构。

十九、关于网络协议，以下说法正确的是__23__。

23. A. 网络使用者之间的口头协定
    B. 网络协议是通信双方共同遵守的规则或约定
    C. 所有网络都采用相同的通信协议
    D. 两台计算机如果不使用同一种语言，它们之间就不能通信

二十、OSI 参考模型将整个网络的功能划分为七层，其中最高层为__24__。

24. A. 物理层　　B. 网络层　　C. 传输层　　D. 应用层

二十一、计算机网络的体系结构是指网络的层次及其__25__的集合。

25. A. 设备　　B. 软件　　C. 协议　　D. 规则

二十二、TCP/IP 协议是 Internet 中计算机之间通信所必须共同遵循的一种__26__。TCP/IP 协议的含义是__27__。

26. A. 信息资源　　B. 硬件　　C. 软件　　D. 通信规定

27. A. 局域网传输协议　　B. 传输控制协议和网际协议
    C. 拨号入网传输协议　　D. OSI 协议集

二十三、互联网络上的服务都是基于一种协议。WWW 服务基于__28__协议。

28. A. SMTP　　B. SNMP　　C. HTTP　　D. TELNET

6.1.4 网络互联设备

考点：了解 OSI 参考模型中各层中使用的网络设备。

二十四、网络适配器是一块插件板，通常插在 PC 的扩展槽中，又称__29__。

29. A. 网络接口板或网卡　　B. 调制解调器
    C. 网桥　　D. 网点

二十五、支持局域网与广域网互联的设备称为__30__；__31__多用于同类局域网之间的互联。

30. A. 转发器　　B. 以太网交换机
    C. 路由器　　D. 网桥

31. A. 中继器　　B. 网桥　　C. 路由器　　D. 网关

二十六、Router 是指网络设备中的__32__。

32. A. 路由器　　B. 中继器　　C. 交换机　　D. 网关

二十七、调制解调器的作用是__33__。

33. A. 把模拟信号和数字信号互相转换
    B. 把数字信号转换为模拟信号
    C. 把模拟信号转为数字信号
    D. 以上说法都不对

6.1.5 局域网基础

考点：了解有线局域网和无线局域网。

二十八、目前计算机局域网络常用的数据传输介质有光缆、同轴电缆和 34 。

34. A. 双绞线　B. 微波　C. 激光　D. 红外线

二十九、在网络通信的有线信道传输介质中，具有传输距离长、传输速率高、电子设备无法监听的是 35 。

35. A. 光纤　B. 同轴电缆　C. 双绞线　D. 电话电缆

三十、无线局域网的国际标准主要是 36 系列。

36. A. IEEE 802.1　B. IEEE 802.3
C. IEEE 802.4　D. IEEE 802.11

三十一、局域网网络硬件主要包括服务器、客户机、网卡和 37 。

37. A. 网络拓扑结构　B. 计算机
C. 传输介质　D. 网络协议

三十二、在局域网中能够提供文件、打印、数据库等共享功能的是 38 。

38. A. 网卡　B. 服务器　C. 用户 PC　D. 传输介质

三十三、局域网常用设备不包括 39 。

39. A. 网卡（NIC）　B. 集线器（HUB）
C. 交换机（Switch）　D. 显示卡（VGA）

三十四、决定局域网特性的主要技术要素是网络拓扑结构、传输介质与 40 。

40. A. 数据库软件　B. 服务器软件
C. 体系结构　D. 介质访问控制方法

三十五、下面关于局域网特点的叙述中，不正确的是 41 。

41. A. 局域网使用专用的通信线路，数据传输速率高
B. 局域网能提高系统的可靠性、可用性
C. 局域网响应速度慢
D. 局域网通信时间延迟较低，可靠性好

三十六、基于文件服务的局域网操作系统软件一般分为两个部分，即工作站软件与 42 。

42. A. 浏览器软件　B. 网络管理软件
C. 服务器软件　D. 客户机软件

三十七、下面关于局域网的说法中不正确的是 43 。

43. A. 局域网是一种通信网
B. 连入局域网的数据通信设备只包括计算机
C. 局域网覆盖有限的地理范围
D. 局域网具有高数据传输率

三十八、在无线广域网中使用较多的通信方式为 44 。

44. A. 电磁波　B. 红外线　C. 微波　D. 紫外线

6.2 Internet 基础

6.2.1 Internet 的起源与发展

考点：掌握 Internet 的前身，了解 Internet 的发展。

三十九、下列对 Internet 叙述中正确的是___45___。

45. A. Internet 就是 WWW
    B. Internet 就是信息高速公路
    C. Internet 是众多自治子网和终端用户机的互联
    D. Internet 就是局域网互联

四十、最早出现的计算机网络是___46___。

46. A. Internet　B. NOVELL　C. DECNET　D. ARPANET

四十一、下列有关 Internet 的叙述中错误的是___47___。

47. A. 万维网就是因特网　B. 因特网上提供了多种信息
    C. 因特网是计算机网络的网络　D. 因特网是国际计算机互联网

四十二、Internet 的中文译名是___48___，中国教育科研计算机网简称为___49___，中国公用计算机互联网又称___50___。

48. A. 国际网　B. 校园网　C. 因特网　D. 邮电网
49. A. NCFC　B. CERNET　C. ISDN　D. Internet
50. A. CERNET　B. CSTNET　C. CHINANET　D. CHINAGBN

四十三、Internet 采用的协议类型为___51___，TCP 协议的主要作用是___52___。

51. A. TCP/IP　B. IEEE802 .2　C. X.25　D. IPX/SPX
52. A. 负责数据的压缩　B. 负责数据的分解
    C. 负责数据的分析　D. 负责数据的可靠传输

6.2.2 Internet 的相关术语

考点：掌握常见的 Internet 的相关术语。

四十四、HTML 是指___53___。如果访问的网页有图片没有显示出来，可以单击___54___按钮尝试更新显示。

53. A. 超文本置标语言　B. 超文本文件
    C. 超媒体文件　D. 超文本传输协议
54. A. 后退　B. 前进　C. 停止　D. 刷新

四十五、Internet 中 URL 的含义是___55___。

55. A. 信息资源在网上什么位置和如何访问的统一的描述方法
    B. 信息资源在网上什么位置及如何定位寻找的统一的描述方法
    C. 信息资源在网上的业务类型和如何访问的统一的描述方法
    D. 信息资源的网络地址的统一描述方法，即统一资源定位器

四十六、下列关于 URL 的表示方法中，正确的是___56___。统一资源定位器 URL

的格式是___57___。

56. A. http://www.Microsoft.com/index.html
    B. http:\\www.Microsoft.com/index.html
    C. http://www.Microsoft.com\index.html
    D. http//www.Microsoft.com/index.html

57. A. 协议://IP 地址或域名/路径/文件名
    B. TCP/IP 协议
    C. http 协议
    D. 协议://路径/文件名

四十七、http://www.163.com 中的 http 是指___58___。

58. A. 服务器名　　B. 域名
    C. 超文本传输协议　　D. 文件传输协议

6.2.3 Internet 的 IP 地址和域名

考点：掌握 IP 地址的结构和分类，A 类、B 类、C 类 IP 地址默认的子网掩码，域名的格式，常见的机构域名。

四十八、传统的 Internet 所采用的 IPv4 协议的 IP 地址由___59___个字节组成，共有___60___个二进制位。IP 地址能唯一地确定 Internet 上每台计算机与每个用户的___61___。

59. A. 1　　B. 2　　C. 3　　D. 4

60. A. 8　　B. 16　　C. 32　　D. 64

61. A. 距离　　B. 位置　　C. 费用　　D. 时间

四十九、下列说法中不正确的是___62___。

62. A. 一台具有 IP 地址的主机不论属于哪类网络均与其他主机处于平等地位
    B. 一个主机可以有一个或多个 IP 地址
    C. 一个主机可以有一个或多个域名
    D. 两个或多个主机能共用一个 IP 地址

五十、IP 协议对每个信息包都赋予一个地址，在 Internet 上的计算机___63___发送。

63. A. 选择固定的路径　　B. 根据线路闲忙，选择不同的路径
    C. 随机选择一个线路　　D. 选择一个不忙的路径

五十一、B 类 IP 地址默认的子网掩码是___64___。

64. A. 255.0.0.0　　B. 255.255.0.0　　C. 255.255.255.0　　D. 255.255.255.255

五十二、TCP/IP 协议分为___65___层。能唯一标识 Internet 网络中每一台主机的是___66___。

65. A. 3　　B. 4　　C. 5　　D. 6

66. A. 用户名　　B. IP 地址　　C. 用户密码　　D. 使用权限

五十三、在 IPv4 协议中，IP 地址可以用 4 组十进制数表示，其中每组数字的取值范围为___67___。IP 地址 178.18.10.133 为___68___地址。

67. A. 0～128　　B. 1～256　　C. 0～255　　D. 1～1024

68. A. A类　B. B类　C. C类　D. D类

五十四、某台主机的域名为 public.cs.nn.cn，其 IP 地址为 202.3.9.68，以下说法中正确的是___69___。

69. A. 4段域名与各段 IP 地址一一对应，即 public 对应为 202
    B. 各段域名与 IP 地址反过来对应，即 cn 对应为 202
    C. 该域名与 IP 地址表示同一台主机，但不表示与这 4 段地址一一对应
    D. 前面的说法均不对

五十五、下列 4 个 IP 地址中，___70___是错误的。

70. A. 60.263.12.8　B. 204.12.0.10　C. 16.126.23.4　D. 11.5.0.39

五十六、Internet 中，主机域名和主机 IP 地址之间的关系是___71___。

71. A. 完全相同，毫无区别
    B. 没有对应关系
    C. 一个 IP 地址不可以对应多个域名
    D. 一个域名对应多个 IP 地址

五十七、域名服务 DNS 的主要功能是___72___。

72. A. 域名的命名和解析　B. 查询主机的 MAC 地址
    C. 为主机自动命名　D. 合理分配 IP 地址

五十八、域名与 IP 地址通过___73___进行转换，一个完整的域名组成一般不超过___74___个部分。

73. A. DNS　B. WWW　C. URL　D. FTP

74. A. 3　B. 4　C. 5　D. 6

五十九、域名 www .gxu .edu .cn 表明它对应的主机是在___75___。___76___是正确的域名。

75. A. 中国的教育界　B. 中国的工商界
    C. 工商界　D. 网络机构

76. A. www.cctv.com　B. hk@gx.school.com
    C. gxwww@china.com　D. gx/sc.china.com

六十、IPv6 协议的显著特征是 IP 地址采用___77___二进制编码。

77. A. 16 位　B. 32 位　C. 64 位　D. 128 位

六十一、www.cernet.edu.cn 是 Internet 上一台计算机的___78___。

78. A. IP 地址　B. 主机名　C. 名称　D. 命令

六十二、下面代表军事机构的域名是___79___。

79. A. net　B. mil　C. int　D. gov

6.2.4 Internet 的接入

考点：掌握 Internet 常见的接入方式，ISP 的定义。

六十三、网站向网民提供信息服务，网络运营商向用户提供接入服务，分别称它们为___80___。

80. A. ICP、IP　B. ICP、ISP　C. ISP、IP　D. UDP、TCP

六十四、为了实现用电话拨号方式连接 Internet，除了要具备一条电话线和一台计算机外，另一个关键的硬件设备是＿81＿。

81. A. 网卡　B. Modem（调制解调器）
C. 服务器　D. 路由器

六十五、通过电话线路在计算机之间建立的临时通信连接称为＿82＿。

82. A. 拨号连接　B. 专线连接　C. 直接连接　D. 间接连接

六十六、通常所说的 ADSL 是指＿83＿，用于上网的 ADSL 设备属于＿84＿。

83. A. 上网方式　B. 计算机品牌　C. 网络服务商　D. 网页制作技术

84. A. 媒体播放器 B. 资源管理器　C. 调制解调器　D. 网页浏览器

六十七、Internet 的两种主要接入方式是＿85＿。在拨号入网时，＿86＿不是必备的硬件。

85. A. 广域网方式和局域网方式
B. 专线入网方式和拨号入网方式
C. Windows 方式和 Novell 网方式
D. 远程网方式和局域网方式

86. A. 计算机　B. 电话线　C. 调制解调器　D. 电话机

6.3 Internet 应用

6.3.1 信息的浏览与检索

考点：了解信息的浏览与检索方式。

六十八、对于喜欢的页面，若想将其保存到本地硬盘中，可以＿87＿。

87. A. 拖动鼠标全选页面，然后右击，在弹出的快捷菜单中选择“目标另存为”命令
B. 按<Ctrl+A>组合键全选页面，然后右击，在弹出的快捷菜单中选择“目标另存为”命令
C. 按<Ctrl+A>组合键全选页面，然后右击，在弹出的快捷菜单中选择“复制”命令，然后粘贴到指定目录
D. 在显示菜单栏的 IE 窗口中选择“文件”→“另存为”命令，选择保存目录和保存类型

六十九、若想将网页上的一幅感兴趣的图片保存到硬盘，最好进行＿88＿操作。

88. A. 单击选中这幅图片，然后右击，在弹出的快捷菜单中选择“目标另存为”命令
B. 右击这幅图片，在弹出的快捷菜单中选择“图片另存为”命令
C. 选择“文件”→“保存”命令，保存为“网页，全部”格式
D. 选择“文件”→“保存”命令，保存为“Web 档案，单个文件”格式

七十、Internet Explorer 浏览器本质上是一个___89___。

89. A. 连入 Internet 的 TCP/IP 程序
B. 连入 Internet 的 SNMP 程序
C. 浏览 Internet 上 Web 页面的服务器程序
D. 浏览 Internet 上 Web 页面的客户程序

七十一、Internet 为人们提供许多服务项目，最常用的是在 Internet 各站点之间漫游，浏览文本、图形和声音等各种信息，这项服务称为___90___。

90. A. 电子邮件　　B. WWW
C. 文件传输　　D. 网络新闻组

七十二、浏览 Internet 上的网页，需知道___91___。以下关于进入 Web 站点的说法中正确的是___92___。

91. A. 网页的设计原则　　B. 网页制作的过程
C. 网页的地址　　D. 网页的作者

92. A. 只能输入域名　　B. 只能输入 IP 地址
C. 需同时输入 IP 地址和域名　　D. 可以通过输入 IP 地址或者域名

七十三、使用浏览器访问网站时，网站上第一个被访问的网页称为___93___。

93. A. 网页　　B. 网站　　C. HTML　　D. 主页

6.3.2 文件的上传与下载

考点：了解 FTP 文件传输协议。

七十四、FTP 的主要功能是___94___。下面___95___是某个 FTP 服务器的地址。

94. A. 传送文件　　B. 远程登录
C. 收发电子邮件　　D. 浏览网页

95. A. http://192.163.113.23　　B. ftp://192.168.113.23
C. www.sina.com.cn　　D. C:\Windows

七十五、利用 FTP（文件传输协议）的最大优点是可以实现___96___。

96. A. 同一操作系统之间的文件传输
B. 异种机上同一操作系统间的文件传输
C. 异种机之间和异种操作系统之间的文件传输
D. 同一机型上不同操作系统之间的文件传输

6.3.3 电子邮件的发送与接收

考点：掌握常见的邮件通信协议、电子邮件地址格式。

七十六、在 Internet 上收发 E-mail 的协议不包括___97___。

97. A. SMTP　　B. POP3　　C. ARP　　D. IMAP

七十七、当用户登录进入邮箱后，页面上的“发件箱”文件夹一般用于保存___98___。

98. A. 已经抛弃的邮件　　B. 已经撰写好但是还没有发送的邮件
C. 包含不合时宜想法的邮件　　D. 包含不礼貌语句的邮件

七十八、在网页上看到邮件主题行的开始位置有“回复：”或“Re:”字样时，表示该邮件是____99____。

99. A. 对方拒收的邮件　　B. 当前的邮件
C. 对方的答复邮件　　D. 希望对方答复的邮件

七十九、想通过 E-mail 发送某个小文件时，必须____100____。

100. A. 在主题上含有小文件
B. 把这个小文件复制一下，粘贴在邮件内容里
C. 无法办到
D. 使用粘贴附件功能，通过粘贴上传附件完成

八十、下列说法中错误的是____101____。当电子邮件在发送过程中有误时，则____102____。

101. A. 电子邮件是 Internet 提供的一项最基本的服务
B. 电子邮件具有快速、高效、方便、价廉等特点
C. 通过电子邮件，可向世界上任何一个角落的网上用户发送信息
D. 可发送信息的只能为文字和图像

102. A. 电子邮件服务器将自动把有误的邮件删除
B. 邮件将丢失
C. 电子邮件服务器会将原邮件退回，并给出不能寄达的原因
D. 电子邮件服务器会将原邮件退回，但不给出不能寄达的原因

八十一、电子邮件地址的一般格式为____103____。

103. A. 用户名@域名　　B. 域名@用户名
C. IP 地址@域名　　D. 域名@IP 地址名

八十二、以下选项中，____104____不是设置电子邮件信箱所必需的。POP3 服务器用来____105____邮件。

104. A. 电子信箱的空间大小　　B. 账号名
C. 密码　　D. 接收邮件服务器

105. A. 接收　　B. 发送　　C. 接收和发送　　D. 以上均错

八十三、新建邮件的“抄送”文本框输入的多个收件人电子信箱的地址之间，可用____106____来分隔。

106. A. 分号（;）　B. 单引号（`）　C. 冒号（:）　D. 空格

八十四、用邮件客户端软件 Foxmail 接收电子邮件时，收到的邮件中带有回形针状标志，说明该邮件____107____。

107. A. 有病毒　　B. 有附件　　C. 没有附件　　D. 有黑客

八十五、在邮件客户端软件 Foxmail 中设置了唯一的电子邮件账号：Hao@sina.com，现成功接收到一封来自 shi@sina.com 的邮件，则以下说法中正确的是____108____。

108. A. 在收件箱中有来自 Hao@sina.com 的邮件
B. 在收件箱中有来自 shi@sina.com 的邮件
C. 在本地文件夹中有来自 Hao@sina.com 的邮件
D. 在本地文件夹中有来自 shi@sina.com 的邮件

八十六、收发电子邮件，首先必须拥有____109____。在申请电子信箱用户名时，如

果遇到重名问题，应该___110___。

109. A. 电子邮箱 B. 上网账号 C. 中文菜单 D. 个人主页

110. A. 放弃申请 B. 把当前用户名改成更简单的用户名
C. 在用户名中加入中文 D. 把当前用户名改成较复杂的用户名

八十七、发送电子邮件时，在发邮件界面的“发送给”一栏中，应该填写___111___。

111. A. 接收者的名字 B. 接收者的信箱地址
C. 接收者的 IP 地址 D. 接收者的主页地址

八十八、要想进入自己申请的电子信箱，在电子邮箱登录窗口处，用户名和密码应是___112___。

112. A. 登录 Windows 的用户名和密码
B. 系统管理员用户名和密码
C. 在该网站申请的电子信箱的用户名和密码
D. ISP 的账号和密码

八十九、申请电子邮箱过程中，填写个人信息时，填写密码提示问题的好处是___113___。

113. A. 防止密码被窃
B. 当遗忘密码时可以到该网站用密码提示问题功能找回密码
C. 促进网络安全
D. 体现自己的个性

九十、如果用户没有电子邮箱，可以___114___。

114. A. 到邮局去申请一个
B. 到 ISP 服务商那里购买
C. 到提供电子邮件服务的网站去申请一个
D. 给计算机安装相应的硬件

九十一、E-mail 的用户名必须遵循一定的规则，以下不符合的是___115___。

115. A. 用户名中允许出现英文字母 B. 用户名可以是任意字符
C. 用户名中允许出现数字 D. 用户名不能有空格

九十二、关于发送电子邮件，下列说法中正确的是___116___。

116. A. 用户必须先接入 Internet，别人才可以给用户发送电子邮件
B. 用户只有打开了自己的计算机，别人才可以给用户发送电子邮件
C. 只要有 E-mail 地址，别人就可以给用户发送电子邮件
D. 只要有 E-mail 地址，用户就可以收取和发送电子邮件

九十三、电子邮件从本质上来说就是___117___。

117. A. 浏览 B. 电报 C. 传真 D. 文件交换

6.3.4 网络社交

考点：了解常用的即时通信软件、BBS 网上论坛、博客。

九十四、两个同学正在网上聊天，他们最可能使用的软件是___118___。

118. A. IE B. Netants C. Word D. QQ

九十五、网络上 BBS 的中文意思是____119____。

119. A. 网上广播电台　　B. 论坛公告板
　　C. 基本链接系统　　D. 基础数据库系统。

九十六、下列关于 BBS 论坛或聊天室的说法中，不正确的是____120____，正确的是____121____。

120. A. 大部分的 BBS 需要注册成为用户后，才可以发表文章
　　B. 在 BBS 论坛或聊天室，除了阅读别人的文章，还可以自己发表文章
　　C. 对某些问题有疑问，可以到相关的 BBS 论坛里发帖子求助
　　D. 目前，国内的聊天室还没有提供语音服务

121. A. 聊天室的人来自同一个城市
　　B. 聊天室的人都相互认识
　　C. 任何人只要上网都可以进入公共聊天室
　　D. 每个网站都有聊天室

九十七、进入 BBS 和虚拟社区需要用户名，它的申请过程和____122____相似。

122. A. 拨号账号的申请　　B. 电子信箱的申请过程
　　C. 出国护照的申请　　D. 信用卡的申请

6.3.5 电子商务

考点：了解常见的电子商务模式和交易平台。

九十八、企业与企业之间通过互联网进行产品、服务及信息交换的电子商务模式是____123____。

123. A. B2C　　B. O2O　　C. B2B　　D. C2B

九十九、缩写 O2O 代表的电子商务模式是____124____。

124. A. 企业与企业之间通过互联网进行产品、服务及信息的交换
　　B. 代理商、商家和消费者三者共同搭建的集生产、经营、消费为一体的电子商务平台
　　C. 消费者与消费者之间通过第三方电子商务平台进行交易
　　D. 线上与线下相结合的电子商务

一百、消费者与消费者之间通过第三方电子商务平台进行交易的电子商务模式是____125____。

125. A. B2C　　B. O2O　　C. C2C　　D. B2B

6.3.6 物联网

考点：了解物联网的含义。

一百零一、物联网的英文名称是____126____。

126. A. Internet of Matters　　B. Internet of Things
　　C. Internet of Therys　　D. Internet of Clouds

一百零二、第三次信息技术革命指的是____127____。

127. A. 互联网　　B. 物联网　　C. 智慧地球　　D. 感知中国

第7章 多媒体技术

7.1 多媒体基础知识

7.1.1 多媒体的基本概念

考点：了解多媒体的定义，掌握媒体的表现形式、多媒体的主要特征和类型。

一、多媒体技术中的媒体是指___1___。

1. A. 计算机的输入信息　　　　B. 屏幕显示的信息
   C. 表示和传播信息的载体　　D. 各种信息的编码

二、不属于多媒体基本特性的是___2___。

2. A. 多样性　　B. 稳定性　　C. 交互性　　D. 集成性

三、下面属于表现媒体的是___3___。

3. A. 打印机　　B. 硬盘　　C. 光缆　　D. 图像

四、关于多媒体的概念，不正确的是___4___。

4. A. 媒体是承载信息的载体，文本和声音都是表示信息的载体
   B. 多媒体技术是指用计算机和相关设备交互处理多种信息的方法和手段
   C. 多媒体技术并不强调采用数字技术，声光电结合就是多媒体技术
   D. 多媒体强调人机互动

五、多媒体是一种全新的媒体。多媒体技术的基本特征是___5___。

5. A. 有处理文字、音频和视频的能力，表现能力强
   B. 使用计算机、光盘驱动器作为处理的主要工具
   C. 数字化、多种媒体和技术的综合集成和系统的人机交互
   D. 不仅有文字，而且有声音、有图像，信息量大

六、多媒体课件能够根据用户答题情况给予正确和错误的回复，突出显示了多媒体技术的___6___。

6. A. 交互性　　B. 多样性　　C. 集成性　　D. 实时性

七、多媒体计算机系统由___7___构成。

7. A. 计算机和各种媒体
   B. 计算机和多媒体输入/输出设备
   C. 多媒体硬件系统和多媒体软件系统
   D. 计算机和多媒体操作系统

八、多媒体技术发展的基础是以___8___为基础的。

8. A. CPU 的发展
   B. 多媒体数据库与计算机网络的结合
   C. 通信技术、数字化技术和计算机技术的结合
   D. 通信技术的发展

九、下列各项中，属于多媒体输入设备的有___9___。

9. A. 录像机　　B. 显示器　　C. 绘图仪　　D. 音箱

十、多媒体信息不包括___10___。

10. A. 音频、视频　　B. 动画、图像
    C. 声卡、光盘　　D. 文字、图像

7.1.2 多媒体计算机系统组成

考点：了解多媒体硬件系统和软件系统的组成。

十一、一幅图像的分辨率为 256×512，计算机的屏幕分辨率是 1 024×768，该图像按 100%显示时，占据屏幕的___11___。

11. A. 1/2　　B. 1/6　　C. 1/3　　D. 1/10

十二、能够同时在显示屏幕上实现输入/输出的设备是___12___。

12. A. 手写笔　　B. 扫描仪　　C. 数码照相机　　D. 触摸屏

十三、下列设备中，不属于多媒体输入设备的是___13___。

13. A. 鼠标和键盘　　B. 操纵杆
    C. 触摸屏　　D. 路由器

十四、多媒体计算机只有硬件还不能工作，必须配备相应的软件才能工作。对最终用户而言，需要配备的软件有两类，即___14___。

14. A. 多媒体工具软件、多媒体应用软件
    B. 多媒体操作系统、多媒体应用软件
    C. 多媒体操作系统、多媒体设备驱动程序
    D. Windows 操作系统、多媒体软件工作平台

7.1.3 多媒体技术的应用

考点：了解多媒体技术应用的领域。

十五、下列各组应用不是多媒体技术应用的是___15___。

15. A. 计算机辅助教学　　B. 电子邮件
    C. 远程医疗　　D. 视频会议

十六、以下不属于多媒体技术应用的是___16___。

16. A. 远程教育
    B. 美容院在计算机上模拟美容后的效果
    C. 计算机设计的建筑外观效果图
    D. 手工制作的小区微缩景观模型

7.2 多媒体工具软件

7.2.1 图像处理软件介绍

考点：了解一些图像处理软件及图像文件格式。

十七、不能将模拟图像转换为数字图像的设备是____17____。

17. A. 数码照相机 B. 扫描仪 C. 胶片照相机 D. DV 摄像机

十八、关于文件的压缩，以下说法中正确的是____18____。

18. A. 文本文件与图形图像都可以采用有损压缩
    B. 文本文件与图形图像都不可以采用有损压缩
    C. 文本文件可以采用有损压缩，图形图像不可以
    D. 图形图像可以采用有损压缩，文本文件不可以

十九、____19____不是图像文件格式。

19. A. tiff B. bmp C. jpg D. ape

二十、下面关于静止图像的描述中，说法不正确的是____20____。

20. A. 静止图像和图形一样具有明显规律的线条
    B. 图像在计算机内部用称之为“像素”的点阵来表示
    C. 图形和图像在普通用户看来是一样的，但计算机对它们的处理方法完全不同
    D. 图像较图形在计算机内部占据更大的存储空间

二十一、pcx、bmp、tiff、jpg、gif 等格式的文件是____21____。

21. A. 动画文件 B. 视频数字文件 C. 位图文件 D. 矢量文件

二十二、因特网上最常用的传输图像的存储格式是____22____。

22. A. wav B. bmp C. mid D. jpg

二十三、图像数据压缩的目的是为了____23____。

23. A. 符合 ISO 标准 B. 减少数据存储量，便于传输和存储
    C. 图像编辑的方便 D. 符合各国的电视制式

二十四、下列为矢量图形文件格式的是____24____。

24. A. wmf B. jpg C. gif D. bmp

二十五、JPEG 是一种图像压缩标准，其含义是____25____。

25. A. 联合图像专家小组 B. 联合活动图像专家组
    C. 国际标准化组织 D. 国际电报电话咨询委员会

二十六、下列文件格式中，____26____属于 Photoshop 软件的专用文件格式。

26. A. ai B. psd C. bmp D. gif

二十七、对于同样尺寸大小的图像而言，下面叙述中不正确的是____27____。

27. A. 图像分辨率越高，则图像的像素数目越多
    B. 图像分辨率越高，则每英寸的像素数目（dpi）越大
    C. 图像分辨率越高，则图像的色彩越丰富
    D. 图像分辨率越高，则图像占用的存储空间越大

二十八、关于图像文件的格式，不正确的叙述是___28___。

28. A. psd 格式是 Photoshop 软件的专用文件格式，文件占用存储空间较大
    B. bmp 格式是微软公司的画图软件使用的格式，得到各类图像处理软件的广泛支持
    C. jpeg 格式是高压缩比的有损压缩格式，使用广泛
    D. gif 格式是高压缩比的无损压缩格式，适合于保存真彩色图像

二十九、下列说法中不正确的是___29___。

29. A. 矢量图形放大后不会降低图形品质
    B. 图形文件是以指令集合的形式来描述的，数据量较小
    C. bmp 格式的图像转换为 jpg 格式，文件大小基本不变
    D. 对图像文件采用有损压缩，可以将文件压缩的更小，减少存储空间

三十、MPEG 表示___30___。

30. A. 文件名　　B. 静态图像压缩标准
    C. 图像深度标准文件　　D. 动态图像压缩标准

7.2.2 常用音频处理软件

考点：了解一些常用音频处理软件及音频文件格式。

三十一、___31___不是常见的声音文件格式。

31. A. mpeg 文件　　B. wav 文件　　C. midi 文件　　D. mp3 文件

三十二、下面文件格式属于声音文件的是___32___。

32. A. midi 文件　　B. jpg 文件　　C. avi 文件　　D. psd 文件

三十三、以___33___为文件扩展名的数字语音文件称为声波文件。

33. A. avi　　B. wav　　C. mp3　　D. bmp

三十四、下列文件格式中，___34___格式属于网络音乐的主要格式。

34. A. mp3　　B. avi　　C. mpeg　　D. wav

三十五、下列选项中，属于音频播放软件的是___35___。

35. A. Windows Media Player　　B. Photoshop
    C. Authorware　　D. ACDSee

三十六、计算机在存储波形声音之前，必须进行___36___。

36. A. 压缩处理　　B. 解压缩处理　　C. 模拟化处理　　D. 数字化处理

三十七、不能用来存储声音的文件格式是___37___。

37. A. wav　　B. jpg　　C. mid　　D. mp3

三十八、MIDI 音频文件是___38___。

38. A. 波形声音的模拟信号
    B. 波形声音的数字信号
    C. MP3 的一种格式
    D. 一种符号化的音频信号，记录的是一种指令序列

三十九、关于声音处理知识，下列说法中不正确的是___39___。

39. A. 计算机处理声音信号时要先把数字信号转换成模拟信号
    B. 计算机存储没有经过处理的数字化声音信息的文件扩展名一般为 wav
    C. 扩展名为 mid 的文件中存放的不是数字化的声音波形信息
    D. CD 唱片对声音的生成、处理、播放方法与 WAV 的声音基本相同

7.2.3 视频处理软件介绍

考点：了解一些常用视频处理软件及视频文件格式。

四十、DVD 光盘采用的数据压缩标准是____40____。

40. A. MPEG-1　　B. MPEG-2　　C. MPEG-4　　D. MPEG-7

四十一、帧是视频图像或动画的____41____组成单位。

41. A. 最小　　B. 唯一　　C. 基本　　D. 最大

四十二、以下选项中，作为视频压缩标准的是____42____。

42. A. JPEG 标准　　B. MP3 压缩　　C. MPEG 标准　　D. LWZ 压缩

四十三、以下格式中，属于视频文件格式的是____43____。

43. A. wma 格式　　B. wmv 格式　　C. mid 格式　　D. wav 格式

四十四、常见的 VCD 是一种数字视频光盘，其中包含的视频文件采用了____44____视频压缩标准。

44. A. MPEG-4　　B. MPEG-2　　C. MPEG-1　　D. WMV

四十五、视频信号数字化存在的最大问题是____45____。

45. A. 精度低　　B. 设备昂贵　　C. 过程复杂　　D. 数据量大

四十六、下面关于视频图像的描述中，正确的是____46____。

46. A. 播放视频时，为使眼睛觉察不出画面的不连续性，至少需要达到 20 帧/s 以上
    B. 视频数字化的最大问题是数据量大，因此视频数据采集后一般需压缩处理
    C. 视频图像数字化后可采用多种存储格式，如 avi、mpg 和 asf
    D. 上述三项都正确

7.2.4 动画制作软件介绍

考点：了解一些常用动画制作软件及动画文件格式。

四十七、下列选项中，常用的三维动画制作软件工具是____47____。

47. A. Dreamweaver　　B. Fireworks
    C. Flash　　D. 3D MAX

四十八、下面关于动画的描述中，说法不正确的是____48____。

48. A. 动画也是一种活动影像　　B. 动画有二维和三维之分
    C. 动画只能逐幅绘制　　D. swf 格式文件可以保存动画

7.3 多媒体网络及新兴数字技术

7.3.1 超媒体和流媒体

考点：了解超媒体与流媒体。

四十九、要提高网络流媒体文件播放的流畅性，最有效的措施是___49___。

49. A. 加大网络带宽　B. 更换播放器
    C. 更换计算机　D. 转换文件格式

五十、以下关于流媒体说法中正确的是___50___。

50. A. 流媒体的数据就像流水一样，随时传送随时播放
    B. 流媒体就是多媒体
    C. 流媒体就是需要先下载，再播放的媒体
    D. 因为是流媒体，所以不需要压缩信息

7.3.2 多媒体网络及其应用

考点：了解多媒体网络及其应用。

五十一、多媒体网络技术在互联网上的应用不是以___51___为主的通信。

51. A. 文本　B. 声音　C. 视频图像　D. 流量

7.3.3 新兴数字技术

考点：了解新兴数字技术的重要特征。

五十二、在网上浏览北京故宫博物院，如同身临其境一般感知其内部的方位和物品，这是___52___技术在多媒体技术中的应用。

52. A. 视频压缩　B. 虚拟现实　C. 智能化　D. 图像压缩

五十三、下列不属于虚拟现实技术的重要特征的是___53___。

53. A. 多感知　B. 沉浸　C. 交互　D. 共享

五十四、大数据的最显著特征___54___。

54. A. 数据规模大　B. 数据类型多样　C. 数据处理速度快　D. 数据价值密度高

五十五、从研究现状上看，下面不属于云计算特点的是___55___。

55. A. 虚拟化　B. 私有化　C. 超大规模　D. 高可靠性

五十六、云计算是对___56___技术的发展与运用。

56. A. 并行计算　B. 网格计算　C. 分布式计算　D. 以上都是

五十七、我国在语音语义识别领域的领军企业是___57___。

57. A. 科大讯飞　B. 图普科技　C. 阿里巴巴　D. 华为

五十八、下列对人工智能芯片的描述，不正确的是___58___。

58. A. 一种专门用于处理人工智能应用中大量计算任务的芯片
    B. 能够更好地适应人工智能中大量矩阵运算
    C. 目前处于成熟高速发展阶段
    D. 相对于传统的 CPU 处理器，智能芯片具有很好的并行计算性能

五十九、被称为是继计算机和互联网之后的第三次信息技术革命的是___59___。

59. A. 物联网　B. 虚拟现实　C. 人工智能　D. 大数据

六十、物联网产业主要涵盖___60___。

60. A. 感知制造　B. 通信业　C. 服务业　D. 以上都是

第 二 部 分
上 机 实 验

实验1 个性化桌面的设置与控制面板的使用

一、实验目的

1. 掌握控制面板、计算机、任务栏和快捷方式图标的基本操作。

2. 掌握附件、碎片整理、帮助功能、剪贴板的使用。

二、实验内容

1. 查看磁盘属性：查看 C 盘的文件系统类型、总容量、可用空间及卷标等信息，把 C 盘的卷标设置为“我的系统盘”。

2. 浏览文件（夹）：分别选用大图标、列表、详细资料等方式浏览 C:\WINDOWS 文件夹中的内容，观察各种显示方式的区别；分别按名称、大小、类型和修改日期对 C:\WINDOWS 文件夹中的内容进行排序，观察 4 种排序方式的区别。

3. 分别用两种方法在桌面上创建“计算器”应用程序的快捷方式图标，名称分别为“计算器 1”和“计算器 2”，并将 Windows 的桌面图标按项目类型自动排列。

4. 用“记事本”建立一个文件，利用数学符号软键盘输入“20÷3≈6.7”，然后以 aa 为文件名保存到“我的文档”文件夹，并设置 aa 文本文件为只读属性。

5. 将“截图工具”窗口图片通过<Alt+Print Screen>组合键复制到剪贴板，然后粘贴到新建的写字板文件 bb.rtf 中，并保存到“我的文档”文件夹中。

6. 把“日历”小工具添加到桌面右下角。

7. 利用“控制面板”进行以下练习：

（1）打开“个性化”面板，更改桌面背景为任意一张与现在桌面背景不同的图片，图片位置为拉伸方式；设置屏幕保护程序为“变幻线”，等待时间为 3 min。

（2）打开“日期和时间”对话框，设置系统日期为一个月前的今天，时间为 10 时 30 分。

（3）打开“文件夹选项”对话框，设置选中“在不同窗口打开不同的文件夹”、导航窗格“显示所有文件夹”。在“查看”选项卡中，选择“显示隐藏的文件和文件夹”“隐藏已知文件类型的扩展名”选项，确定后观察 C:\WINDOWS 中的文件名的显示变化；同样，取消选中“隐藏已知文件类型的扩展名”选项，确定后再观察其变化。

（4）打开“电源选项”对话框，设置电源使用计划为 5min 之后关闭显示器。

（5）打开“任务栏和「开始」菜单属性”对话框，设置自动隐藏任务栏，自定义「开始」菜单大小为“要显示的最近打开过的程序数目”为 12 个。

（6）打开“鼠标属性”对话框，设置指针方案为“Windows 黑色（系统方案）”。

（7）打开控制面板的“程序和功能”面板，卸载一款不常用的软件。

三、实验步骤视频（扫描二维码）

实验 2 ››› 管理计算机资源

一、实验目的

1. 熟悉“资源管理器”窗口的组成。

2. 熟练掌握“资源管理器”中对文件和文件夹的管理操作。

3. 掌握画图、写字板的使用。

4. 熟练掌握查找文件的方法和文件属性设置。

5. 树立系统思维、坚持系统观念，培养学生用普遍联系、全面系统、发展变化的观点观察事物的良好习惯。

二、实验内容

1. 新建文件夹和子文件夹：打开“资源管理器”，在 G:\（或指定其他的盘符）下新建一个文件夹 TEST,在文件夹 TEST 下建立两个子文件夹 ATUD1 和 ATUD2,并在 ATUD2 下再建立子文件夹 MS。

2. 文件夹复制、重命名和创建快捷方式：利用剪贴板将子文件夹 MS 复制到文件夹 ATUD1 中，并重命名为 LIU。给文件夹 LIU 创建一个快捷方式，并将该快捷方式移动到文件夹 TEST 下。

提示

为了更好地完成后续实验，请设置显示文件扩展名，方法是取消选中“控制面板”→“文件夹选项”→“查看”中的“隐藏已知文件类型的扩展名”选项。

3. 新建文件：在 TEST 文件夹下新建两个空白文本文件 Q1.txt 和 Q2.txt，在子文件夹 MS 下新建一个空白 Word 文档和一个 Excel 工作表,文件名分别是 WQ.docx 和 EQ.xlsx。

4. 在不同文件夹中复制文件：利用剪贴板将 MS 子文件夹中的 EQ 工作表复制到 LIU 子文件夹下。

5. 在同一文件夹中复制文件再更名文件：利用剪贴板将 MS 子文件夹中的 EQ 工作表在同一文件夹中复制一份，并重命名为 renEQ，注意不要改动扩展名。

6. 用鼠标手动复制文件：借助<Ctrl>键，用鼠标直接拖动将 TEST 文件夹的文本文件 Q1 复制到子文件夹 ATUD2 下。

7. 一次复制多个文件：将 MS 子文件夹中的 WQ 文档和 EQ 工作表同时选中，复制到 LIU 子文件夹下，并覆盖同名文件 EQ。

8. 把 TEST 文件夹整个移动到本地磁盘 E:\（或指定其他的盘符），以下操作均在 E:\TEST 文件夹中进行。

9. 删除文件（夹）：分别删除 TEST 文件夹下的文本文件 Q2 和子文件夹 LIU 下的所有文件，注意保留子文件夹 LIU。

10. 移动文件（夹）：将 MS 子文件夹中的 renEQ 工作表文件移动到 TEST 文件夹下，再将整个 MS 子文件夹移动到文件夹 ATUD1 下。

11. 回收站的使用：

（1）恢复到原始位置：进入回收站，将文本文件 Q2 恢复。

（2）恢复到其他位置：将 WQ 文档恢复到 TEST 文件夹中。

（3）清空回收站：将回收站清空。

12. 搜索文件：查找 C:\中文件扩展名为.png 且大小为“微小（0 ~ 10KB）”的文件，把搜索到的体积最小的一个 png 文件复制到 TEST 文件夹中，并以“png 文件”为文件名将搜索条件保存在 TEST 文件夹下。

提示

搜索时输入“*.png”作为文件名且指定大小，搜索完后，使用工具栏中的“保存搜索”命令可保存搜索条件。

13. 设置文件（夹）属性：将 TEST 文件夹中的文本文件 Q1 和 Q2 的属性设置为只读，子文件夹 ATUD1 和 ATUD2 的属性设置为隐藏，并仅将更改应用于该文件夹。

14. 用“写字板”建立一个文档，打开“控制面板”，将“控制面板”窗口图片通过<Alt+Print Screen>组合键复制到剪贴板，再粘贴到该文档中，并以“XX1”为文件名保存在文件夹 TEST 中。

15. 用“画图”程序中的五角星形工具绘制一个五角星，用红色填充，使用文字工具在五角星中间写上白色的“五角星”字样，字体为宋体，字号为 24 磅加粗，以 folder.jpg 为文件名保存到文件夹 TEST 中。

16. 将“便笺”程序锁定在任务栏上，并新建两个便笺，分别输入“星期一复印资料”和“星期三开会”文字，并设置便笺背景颜色为绿色。

三、实验步骤视频（扫描二维码）

实验 3 Windows 操作测试

一、实验目的

1. 复习 Windows 操作系统的基本操作。
2. 熟练掌握对文件和文件夹的管理操作。
3. 综合运用控制面板、查找、画图、压缩等知识。
4. 树立科技创新理念，培养学生具有坚忍不拔、守正创新、敢想敢为的优秀品质。

二、实验内容

1. 使用“资源管理器”或“计算机”，进行有关文件和文件夹的操作。

（1）在 E:\（或指定的其他盘符）新建一个文件夹 T□（□代表学号），并将 F:\上机\测试文件夹中的 AAA 文件夹、BBB 文件夹复制到新建的文件夹 T□中。

（2）将 AAA 文件夹中的全部文件复制到文件夹 T□中，然后删除 AAA 文件夹。

（3）在文件夹 T□下建立 2 个文件夹，名称分别为 EXAM1 和 EXAM2。

（4）将文件夹 T□中所有的 Word 文档（*.docx）和 Access 应用程序（*.accdb）复制到文件夹 EXAM1。

（5）将文件夹 T□中 BBB 文件夹的所有 Excel 工作簿（*.xlsx）移动到文件夹 EXAM2 中，将 BBB 文件夹重命名为 CC。

（6）删除文件夹 T□中的 Access 应用程序 sjka.accdb 和文本文件 wwa.txt，然后将文件夹 T□中的 Word 文档 wwa.docx 重命名为 olda.docx，并设为只读和存档属性。

（7）打开回收站，将回收站中的 Access 应用程序 sjka.accdb 删除，将文本文件 wwa.txt 还原。

2. 使用 WinRAR 压缩和解压文件。

（1）把 EXAM1 文件夹压缩成一个压缩包，命名为 EXAM1.rar，保存到文件夹 T□中。（提示：在 EXAM1 文件夹上右击，在弹出的快捷菜单中选择“添加到 EXAM1.rar”。）

（2）把 EXAM1.rar 压缩包解压到 EXAM2 中。（提示：在 EXAM1.rar 压缩包上右击，在弹出的快捷菜单中选择“解压文件”。）

三、实验步骤视频（扫描二维码）

»» Word 2010 基本操作

一、实验目的

1. 熟练掌握对文档的各种编辑操作。

2. 掌握字符串查找与替换的操作方法。

3. 掌握插入图片、艺术字的操作方法。

4. 理解“中国始终坚持维护世界和平、促进共同发展的外交政策宗旨，致力于推动构建人类命运共同体”的具体含义。

二、实验内容

1. 将正文中的 Internet 替换为“因特网”，格式设置为：楷体，加粗，红色字体，下划线为黄色双窄线。

2. 设置正文各段首行缩进 2 字符，段前间距为 1 行，段后间距为 0 行，行距为固定值 25 磅。

3. 设置正文字号为小四号。为第二段文字添加边框，边框为外粗内细型，宽度为 2.25 磅，底纹填充颜色为浅绿色，图案样式为 15%，图案颜色为橙色，强调文字颜色 6。

4. 设置第三段第一个字“然”首字下沉，下沉行数为 2 行，字体为隶书，距正文 1 厘米。

5. 在正文任意位置插入图片“福娃.jpg”，四周型环绕，图片样式为柔化边缘椭圆，颜色为黑白 75%，艺术效果为影印，设置图片高度为 4.24 厘米，宽度为 3 厘米，设置图片效果为柔化边缘 5 磅。

6. 给标题“因特网简介”加汉语拼音，并设置文本效果为第二行第三列样式，黄色突出显示。

7. 在文档末尾插入三行四列的艺术字，“开心快乐每一天!”，紧密性环绕，艺术字文本效果为“正 V 形”，三维旋转左透视。

三、实验步骤视频（扫描二维码）

四、实验 4 样张

因特网简介

因特网是一组全球信息资源的名称，这些资源的量非常大，大得不可思议。不仅没有人通晓因特网 的全部内容，甚至也没有人能说清楚 因特网的大部分内容。

因特网的基础建立于 70 年代发展起来的计算机网络群之上。它开始是由美国国防部资助的称为 Arpanet 的网络，原始的 Arpanet 早已被扩展和替换了，现在由其后代因特网所取代。技术进程：第一个应用因特网类似技术的试验网络用了四台计算机，建立于 1969 年。该时间是拉链发明后的 56 年；汽车停放计时器出现后的 37 年；也是第一台 IBM 个人计算机诞生后的 13 年。

而把因特网看作一个计算机网络，甚至是一群相互连结的计算机网络都是不全面的。

根据我们的观点，计算机网络只是简单的传载信息的媒体，而因特网的优越性和实用性则在于信息本身。

因特网是第一个全球论坛，第一个全球性图书馆。任何人，在任何时间、任何地点都可以加入进来，因特网永远向你敞开大门，不管你是什么人，总是受欢迎的，无论你是否穿了不适合的衣服，是有色人种，或者宗教信仰不同，甚至并不富有，因特网永远不会拒绝你。

开心快乐每一天！

实验5 ››› Word 2010 编辑技巧

一、实验目的

1. 掌握文字的格式化与修饰的基本方法。
2. 掌握段落格式化的基本方法。
3. 掌握绘制简单表格、修改表格等操作方法。

二、实验内容

1. 设置文档的页面纸张大小为 A4，上下边距为 2.5 厘米，左右边距为 3 厘米，每页的行数为 47 行，每行 39 个字符。

2. 将标题文字　2018 赛季中超联赛主题“超越”　设置为二号红色黑体、居中、加粗、字符间距加宽 2 磅，段后间距为 0.5 行，加蓝色方框。并设置标题文本效果为蓝色边框，“向下偏移”的阴影效果。

3. 将正文各段（“2018 赛季中超联赛在天津奥体……再创辉煌。”）首行缩进 2 字符，左右各缩进 1 字符，行间距为 20 磅，段后间距 0.5 行。

4. 设置正文第 2 段的“开”字为首字下沉，下沉 2 行，字体为楷体，距正文 0.5 厘米。

5. 在正文第二段和第三段之间输入一个回车，并插入图片“中超联赛.jpg”，文字环绕方式为“嵌入型”。（注意：插入的图片不能完整显示，需要设置图片的段落格式行间距为单倍行距。）设置所插入的图片的高度为 6 厘米，宽度为 9 厘米，居中。

6. 将正文第三段的首句，设置为“双行合一”，双行合一的字体为三号。

7. 将文中最后 17 行文字转换成 17 行 9 列的表格，设置表格第二列的列宽为 2.5 厘米，其余为 1.5 厘米，行高为 0.6 厘米，表格居中；在“积分”列按公式“积分=3×胜+平”计算并输入到空单元格内；设置表格中所有文字水平居中（即中部居中），表格中所有文字的段落格式行距为单倍行距。

8. 设置表格上方的文字“2018 赛季中超联赛积分榜”为居中；设置表格的标题行能够在其他页面重复出现；设置所有表格线为 1 磅蓝色单实线，表格第一行与第二行之间的横线为 1.5 磅红色单实线。

三、实验步骤视频（扫描二维码）

四、实验 5 样张 1

2018 赛季中超联赛主题“超越”

2018 赛季中超联赛在天津奥体中心举行开幕式，中国足协副主席李毓毅宣布联赛开幕。

开幕式文艺演出共分三个篇章，第一篇章的主题为“奋斗·开拓”，音乐《战舞》展现了群体团结合作、奋勇向前的形象。第二篇章主题为“回归-进化”，16 名来自天津的男女青年组合演唱了中超联赛的主题曲《超越》，表达对初心的回望、对心中梦想的呼唤。开幕式第三篇章主题为荣耀·征途，青年歌手张玮演唱了天津泰达足球俱乐部的主题曲《永远进攻》。今年是天津泰达足球俱乐部成立 20 周年。

经过 14 年的积累，目前中超联赛已经成为全亚洲最具竞争力、平均上座率最高的足球联赛。2004 年首届中超开幕式便在天津举办，15 年里，中超联赛飞速发展。今年的开幕式再次回到天津，不但是一次轮回，更是一次超越。场上闪现的数字 12 寓意致敬球迷。绿茵场上每一次跑动都有球迷们呐喊的力量相伴，每一次进球都伴随着球迷们挥动旗帜的殷殷期盼，所有球迷的支持将化为场上每一位球员向前的力量，这股力量将在绿茵场上生生不息，再创辉煌。

2018 赛季中超联赛积分榜

排名	球队	胜	平	负	进球	失球	净胜球	积分
1	上海上港	21	5	3	75	30	45	68
2	广州恒大	19	3	7	77	35	42	60
3	山东鲁能	17	6	6	55	37	18	57
4	北京中赫国安	15	8	6	63	43	20	53
5	江苏苏宁	12	9	8	44	33	11	45
6	上海申花	10	7	12	42	51	-9	37

五、实验 5 样张 2

排名	球队	胜	平	负	进球	失球	净胜球	积分
7	河北华夏幸福	9	9	11	44	49	-5	36
8	北京人和	9	9	11	33	46	-13	36
9	广州富力	10	5	14	49	61	-12	35
10	河南建业	10	4	15	30	41	-11	34
11	天津权健	8	9	12	38	46	-8	33
12	天津泰达	8	8	13	40	49	-9	32
13	长春亚泰	8	8	13	45	54	-9	32
14	重庆斯威	8	8	13	40	45	-5	32
15	大连一方	9	5	15	35	57	-22	32
16	贵州恒丰	6	3	20	33	66	-33	21

实验 6 Word 2010 综合运用

一、实验目的

1. 综合练习 Word 2010 的使用。

2. 对党的十二大报告提出的关于大数据发展思路与要求有较深刻的理解。

二、实验内容

1. 文本编辑：

（1）给文章加标题“大数据挖掘带动的变迁”，设置其字体格式为华文新魏、二号字、加粗、蓝色，字符间距缩放 120%。

（2）将正文中所有的“大数据”设置为红色，加着重号。

2. 页面设置：

（1）将页面设置为：A4，上、下、左、右页边距均为 2.5 厘米，每页 40 行，每行 40 字符。

（2）给正文第五段设置 1.5 磅带阴影的绿色边框，填充浅绿色底纹。

（3）设置页眉为“云计算”，蓝色，居中显示，页脚为：添加页码，页码数字格式为“甲、乙、丙…”，居中显示。

（4）为第二段“数学家图灵”添加尾注，内容为：阿兰麦席森图灵，生于 1912 年 6 月 23 日，逝于 1954 年 6 月 7 日，被誉为“计算机科学之父”和“人工智能之父”。

3. 段落设置：

（1）设置正文第一段首字下沉 3 行，首字字体为隶书、蓝色，其余各段首行缩进 2 字符。

（2）将第七段分为等宽的两栏加分隔线。

（3）标题段填充白色，背景色 1，深色 25%，段后间距 0.5 行，居中显示。

4. 图文混排：

（1）参考样张 1，在正文适当位置插入图片“girl.jpg”，设置图片高度、宽度缩放比例均为 30%，位置：中间居中，四周型文字环绕。

（2）参考样张 2，在正文适当位置插入艺术字“网络化”，采用第三行第四列样式，并将文字效果转换为山形，艺术字字体为华文隶书、小初号，位置：顶端居左，四周型环绕。

（3）参考样张 1，绘制竖排文本框，彩色轮廓–蓝色，强调颜色 1；内容为：移动互联网时代，“华文琥珀”，小三号，大小为宽 1.5 厘米，高 4.5 厘米，穿越型环绕，右侧。

三、实验步骤视频（扫描二维码）

四、实验 6 样张 1

大数据挖掘带动的变迁

移动互联网时代

自大数据进入了人们的视线之后，它便逐渐成为人们普遍关注的焦点。大数据讲的是 pb 时代的科学，本质上大数据的挑战是 pb 时代的对科学的挑战，更是对包括数据挖掘在内的认知科学的挑战。那么，大数据时代怎么做数据挖掘呢?在现今时代人们通常所说的大数据主要包括三个来源：第一是自然界大数据，也就是地球上的自然环境，很大很大。第二是生命大数据，第三也是最重要的，则是人们关心的社交大数据。这些数据普遍存在于人们的手机、电脑等设备中。今天一个报告在 3 分钟之内就可能被全世界的人们所知道。

1936 年天才数学家图灵提出图灵模型，后来有计算机把图灵模型转化为物理计算机，这其中有三大块：cpu、操作系统、内存和外存，还有输入和输出。在计算机发展的头 30 年里，我们投入最多的是 cpu、操作系统、软件、中间件以及应用软件。当时人们侧重于计算性能的提高，我们把这个时代叫做计算时代。

计算对软件付出了很大的努力，尤其是高性能计算机。我们认为计算在前 20 年中起到了主导作用，它的标志速度就是摩尔速度。在这样一个计算领先的时代当中，我们主要做的是结构化数据的挖掘。关系数据库之父埃德加在 1970 年提出一个关系模型，以关系代数为核心运算，用二维表形式表示实体和实体间的联系。三四十年来，各行各业的数据库和数据仓库技术，以及从数据库发现知识的数据挖掘成为巨大的信息产业。

随着互联网带宽 6 个月翻一番的速度，人类进入了交互时代，交互带动着计算和存储的发展。移动互联网时代的大数据挖掘主要是网络化环境下的非结构化数据挖掘，这些数据形态反映的是鲜活的、碎片化的、异构的、有情感的原生态数据。非结构化数据的特点是，它常常是低价值、强噪声、异构、冗余冰冷的数据，有很多数据放在存储器里就没再用过。数据的形式化约束越来越宽松，越来越接近互联网文化、窗口文化和社区文化。

关注的对象也发生很大改变，挖掘关注的首先是小众，只有满足小众挖掘需求，才谈得上满足更多小众组成的大众的需求，因此一个重要思想就是由下而上胜过由上而下的顶层设计，强调挖掘数据的真实性、及时性，要发现关联、发现异常、发现趋势，总之要发现价值。

当前，深度学习也是一种数据自适应简约。如果我们在百度上用深度学习搜索一个人脸象素搜索，这么多人脸谁是谁?数据量急剧增加，各种媒体形态可随意碎片化，组织结构和挖掘程序要围着数据转，程序要碎片化，并可以随时虚拟重组，挖掘常常是人机交互环境下不同社区的发现以及社区中形成的群体智能，在非结构化数据挖掘中，会自然进行数据清洗，自然形成半结构化数据和结构化数据，以提高数据使用效率。

群体智能是一个最近说得很多的词，我们曾经在计算机上做一个图灵测试，让计算机区分哪些码是人产生的，哪些是机器产生的，这是卡内基美隆大学提出来的，在网络购物、登录网站、申请网站时都会碰到适配码被使用。在此要提到第三个代表人物——路易斯，他提出用这个适配码应用方式。

五、实验 6 样张 2

云计算

网络化

如果云计算支撑大数据挖掘要发现价值，那么我们认为云计算本来就是基于互联网的大众参与计算模式，其计算资源是动态的，可收缩的，被虚拟化的，而且以服务的方式提供。产生摆脱了传统的配置带来的系统升级，更加简洁、灵活多样、个性化，手机、游戏机、数码相机、电视机差别细微，出现了更多 icloud 产品，界面人性化、个性化，都可成为大数据挖掘的终端。挖掘员支撑各种各样的大数据应用，如果我们有数据收集中心、存储中心、计算中心、服务中心，一定要有数据挖掘中心，这样一来，就可以实现支撑大数据的及时应用和价值的及时发现。

大数据标志一个新时代的到来，这个时代的特征不只是追求丰富的物质资源，也不只是无所不在的互联网带来方便的多样化的信息服务，同时还包含区别于物质的数据资源的价值挖掘和价值转换，虚拟世界的信息价值挖掘导致更加精确的控制物理世界的物质和能量，以及由大数据挖掘带来的精神和文化方面的崭新现象。

[1]阿兰麦席森图灵，生于 1912 年 6 月 23 日，逝于 1954 年 6 月 7 日，被誉为“计算机科学之父”和“人工智能之父”

乙

实验 7 编辑科技论文

一、实验目的

1. 利用 Word 2010 的排版功能，对科技论文进行排版。

2. 深刻理解党的十二大报告指出的要推动经济发展绿色化、低碳化是实现高质量发展的关键环节，同时指出积极稳妥推进碳达峰碳中和，实现碳达峰碳中和是一场广泛而深刻的经济社会系统性变革。

二、实验内容

1. 按以下要求进行页面设置：纸张大小 A4，对称页边距，上边距 2.5 厘米、下边距 2 厘米，内侧边距 2.5 厘米、外侧边距 2 厘米，装订线 1 厘米，页脚距边界 1 厘米。

2. 论文标题“从当代大学生角度看新能源的开发利用”设置为黑体，二号，加粗，居中，段后间距 0.5 行；“作者：张三”字体设置为仿宋，五号，居中，段后间距 0.5 行。

3. 设置论文各段（“中文关键字：新能源……需要政府给予更多的支持和相应的扶持政策。”）的中文字体为宋体、小四号，西文字体 Times New Roman，小四号，段落格式为：行距为固定值 22 磅，首行缩进 2 字符，段后间距 0.5 行。

4. 将论文中的“中文关键字：”“英文关键字：”“摘要：”“英文摘要：”“引言：”等字体设置为黑体，加粗。

5. 将论文中的红色字体设置为标题 1，蓝色字体设置为标题 2，绿色字体设置为标题 3。在“样式”中：修改标题 1 的格式为居中，段前、段后间距均为 8 磅，行距为 1.5 倍；修改标题 2 的格式为段前、段后间距均为 5 磅，行距为 1.5 倍；修改标题 3 的格式为段前、段后间距均为 5 磅，行距为 1.5 倍。

6. 在页面的页脚处插入页码，页码格式为阿拉伯数字（1、2、3…），页码字体大小为五号，首页不显示页码，其余页面的页码要求奇数页页码显示在页脚右侧，偶数页页码显示在页脚左侧。

7. 在论文标题“从当代大学生角度看新能源的开发利用”前插入空白页，作为目录页，在目录页中插入目录，要求目录包含 3 级标题，目录字体要求为宋体，小四号，目录段落格式为行间距 1.5 倍。

8. 在“氢能具有清洁……是一项具有战略性的研究课题。”这一段下面空一行，然后插入图片“氢能的优点.jpg”，图片宽度改为 10 厘米，居中显示，并在该图的下方空一行插入题注“图 1 氢能的优点”，题注居中显示。

9. 在“太阳能资源是指到达地面的太阳辐射总量……是有效利用太阳能的关键。”这一段下面空一行，然后插入图片“太阳能发电系统.jpg”，图片宽度改为 10 厘米，居中显示，并在该图的下方空一行插入题注“图 2 太阳能发电系统”，题注居中显示。

10. 论文中的表格上方插入题注“表 1 2018~2017 年中国能源生产结构（单位：%）”居中显示；设置表格第 1 到 4 列的列宽为 2.5 厘米，第 5 列的列宽为 4 厘米，所有行的行高为 1 厘米；设置表格在页面中居中显示，表格内的字体为仿宋、五号，表格内所有字体中部居中；设置表格的标题行为“重复标题行”。

11. 为作者添加脚注，脚注，内容为：“张三，男，汉族，广西南宁人，单位：广西民族师范学院，电子信息工程专业。”。

12. 在目录页前方添加“目录”字样，字体为宋体，小四，居中对齐。更新目录，要求只更新目录的页码。

三、实验步骤视频（扫描二维码）

实验8 学生成绩分析表的制作

一、实验目的

1. 熟练掌握工作表编辑和格式化的方法。
2. 掌握工作表中应用公式和常见函数的方法。

二、实验内容

1. 将Sheet1工作表的单元格区域A1:M1合并为一个单元格，内容水平居中，垂直居中；表格标题“某高校学生考试成绩表”的字体设置为蓝色、隶书、16磅、加粗；此工作表的第1行的行高设置为30。

2. 采用自动填充方式输入序号和学号，要求：序号从001到010，学号从180400101001到180400101010（提示：先把序号列的单元格格式设置为文本，学号列的单元格格式设置为数值，0位小数后再输入数据采用自动填充）。

3. 为A2:M12单元格区域添加蓝色边框，为“刘晓峰”（C12）插入批注“教务处：退伍返校学习”。

4. 利用公式分别计算每个人的总分、排名、备注1、备注2、备注3；排名为总分的降序排名次序；利用IF函数实现：如果高等数学大于或等于60，在备注1内给出信息“及格”，否则给出信息“不及格”；如果高等数学大于或等于80，在备注2内给出信息“优秀”，如果高等数学大于或等于60并且小于80，在备注2内给出信息“及格”，如果高等数学小于60，在备注2内给出信息“不及格”；如果高等数学、大学英语均大于或等于75，在备注3内给出信息“有资格”，否则给出信息“无资格”。

5. 用函数MAX()、MIN()、AVERAGE()、COUNT()、COUNTIF()计算各门课程的最高分、最低分、平均分、总人数和及格率（及格率等于COUNTIF()统计及格人数除以COUNT()函数统计的总人数）。

6. 利用函数COUNTIF()、AVERAGEIF()统计出男生、女生的人数及男生、女生高等数学的平均分，得到的结果分别置于单元格B19、B20、B21、B22中。

7. 设置表格中的平均分、男生高等数学平均分、女生高等数学平均分为保留一位小数，及格率为单元格格式为百分比，保留一位小数。

8. 利用条件格式，将K3:K12区域中为“不及格”、L3:L12区域中为“有资格”的设置为红色加粗。

三、实验步骤视频（扫描二维码）

学生成绩表的数据管理及图表化

一、实验目的

1. 掌握工作表的管理操作和数据列表的排序、筛选，数据的分类汇总和透视表的操作。
2. 掌握图表的创建、编辑及格式化操作。

二、实验内容

1. 复制工作表 Sheet1，放置于 Sheet1 和 Sheet2 之间，并命名为“计算机动画技术成绩”；复制 Sheet1 内所有的内容，分别粘贴到 Sheet2、Sheet3 内，自 A1 开始；在 Sheet3 后创建新的工作表 Sheet4，并复制 Sheet1 内所有的内容，粘贴到 Sheet4 内，自 A1 开始。

2. 对 Sheet2 中的数据按总成绩降序排列，并将工作表 Sheet2 改名为“总成绩排名”。

3. 在工作表 Sheet3 内，进行高级筛选，筛选出系别为“信息”并且总成绩大于或等于 90 的记录，筛选条件置于 A22:F23，筛选结果置于 A25。

4. 在工作表 Sheet3 内，进行高级筛选，筛选出系别为“信息”或总成绩大于或等于 90 的记录，筛选条件置于 A31:F33，筛选结果置于 A35；将工作表 Sheet3 重命名为“高级筛选”。

5. 在工作表 Sheet4 内进行分类汇总：分别求出各系总成绩的平均分（提示，分类汇总前，先按“系别”进行升序排序，然后以“系别”为分类字段，汇总方式为平均值，汇总项为“总成绩”进行分类汇总）。将工作表 Sheet4 重命名为“分类汇总”。

6. 在工作表 Sheet1 内，选中 C1:C20 以及 E1:E20，插入“簇状柱形图”，显示数据标签，并放置在数据结尾之外，不显示图例，将插入的图表置于 H2:N16 内。

7. 对工作表“数据透视表”内的数据建立数据透视表，按行为“经销部门”，列为“图书类别”，数据为“数量（册）”求和布局，并置于 H2:L7 单元格区域，并设置不显示列总计，工作表名不变。

三、实验步骤视频（扫描二维码）

实验10 Excel 2010综合运用

一、实验目的

综合练习 Excel 的使用。

二、实验内容

1. 设置工作表“2012 级法律”的行高为 18，所有的单元格对齐方式为水平居中，垂直居中；将 D 列到 N 列的单元格格式改为数值型，保留 1 位小数。

2. 重新将第一行的行高设置为 30，将标题“2012 级法律专业学生期末成绩分析表”设置为跨列居中于 A1:O1；此标题的字体为 19 磅、红色、黑体、加粗；表头行的字体设置为黑体、加粗。

3. 利用条件格式对学生成绩不及格（小于 60）的单元格突出显示“字体黄色（标准色），单元格填充红色（标准色）”。

4. 利用公式或者函数分别计算总分、平均分、年级排名（年级排名以总分降序次序进行排名）。

5. 在工作表“2012 级法律”中，利用 MID()函数根据学生的学号、将其班级的名称填入“班级”列，规则为：学号的第三位代表专业代码、第四位代表班级序号，即如果学生的第四位是 1 为“法律 1 班”，2 为“法律 2 班”，3 为“法律 3 班”，4 为“法律 4 班”。

6. 根据“2012 级法律”工作表，创建一个数据透视表，放置于名为“班级平均分”的新工作表中，工作表标签颜色设置为红色。要求数据透视表中按照英语、体育、计算机、近代史、法制史、刑法、民法、法律英语、立法的顺序统计各班各科的平均分，其中行标签为班级。为数据透视表格内容套用带标题行的“数据透视表样式中等深浅 15”的表格格式，所有列的对齐方式设为居中，成绩的数值保留 1 位小数。

7. 在“班级平均分”工作表中，针对各课程的班级平均分创建二维的簇状柱形图，其中水平簇标签为班级，图例项为课程名称，并将图表放置在表格下方的 A10:H30 区域内。

8. 对工作表“2012 级法律”做以下操作：A2:O102 区域添加蓝色（标准色）框线，将 A1:O102 区域设置为打印区域，表格的打印标题行为表格的第一、二行，纸张方向为横向，页边距的居中方式为水平、垂直，在打印预览设置界面将所有列调整为一页方便打印，使所有列能在一个页面上（可以通过将工作表“2012 级法律”另存为 PDF 格式，检查所有列是否缩放到一个页面上）。

三、实验步骤视频（扫描二维码）

»» PowerPoint 2010 操作（一）

一、实验目的

1. 掌握 PowerPoint 中文字的替换。

2. 掌握在 PowerPoint 中将文本文字转换为 SmartArt 图形以及 SmartArt 图形动画效果的添加。

3. 掌握幻灯片的移动和切换效果的设置。

4. 掌握在 PowerPoint 中插入音频文件和声音效果的设置。

5. 掌握 PowerPoint 超链接的插入以及分节操作。

6. 掌握 PowerPoint 播放方式的设置。

二、实验内容

1. 将演示文稿中的所有中文文字字体由“宋体”替换为“微软雅黑”。

2. 为了布局美观，将第 2 张幻灯片中的内容区域文字转换为“基本维恩图”SmartArt 布局，更改 SmartArt 的颜色为“彩色范围-强调文字颜色 5 至 6”，并设置该 SmartArt 样式为“强烈效果”。

3. 为上述 SmartArt 图形设置由幻灯片中心进行“缩放”的进入动画效果，并要求自上一动画开始之后自动、逐个展示 SmartArt 中的 3 点产品特性文字。

4. 将第 4 张幻灯片移到第 3 张幻灯片前面。

5. 设置所有幻灯片的切换效果为“涟漪”。

6. 将音频文件“BackMusic.mid”作为该演示文稿的背景音乐，并为所插入的音频设置为：“播放时隐藏”“跨幻灯片播放”“循环播放，直到停止”“播完返回开头”。

7. 为演示文稿最后一页幻灯片右下角的图形添加指向网址“http://www.microsoft.com/”的超链接。

8. 为演示文稿创建 3 个节，其中“开始”节中包含第 1 张幻灯片，“更多信息”节中包含最后 1 张幻灯片，其余幻灯片均包含在“产品特性”节中。

9. 设置放映类型为“在展台浏览”，设置每张幻灯片的自动放映时间为 10 秒钟。

三、实验步骤视频（扫描二维码）

实验12 PowerPoint 2010 操作（二）

一、实验目的

1. 掌握演示文稿格式化、美化的方法。

2. 掌握幻灯片的动画和声音效果的设置。

3. 掌握幻灯片的各种超级链接技术。

4. 掌握 PowerPoint 中图片的编辑。

5. 对广泛开展全民健身活动，加强青少年体育工作，促进群众体育和竞技体育全面发展，加快建设体育强国的重要意义有较深的理解。

二、实验内容

1. 将所有幻灯片应用主题“波形”，为第 1 张幻灯片的所有对象设置动画效果“飞入”“与上一个动画同时”“持续时间 2 秒”。所有幻灯片的切换效果为“闪光”，每张幻灯片的切换时间为 4 秒。

2. 在第 2 张幻灯片右下角位置插入图片 PIC1.jpg，设置图片高度为 10 厘米，锁定纵横比，设置动画效果为“飞旋”“单击时”“持续时间 1 秒”。

3. 对第 6 张幻灯片的冬奥运会项目的 1～6 的 6 个数字，分别建立超链接，链接到后面对应项目的幻灯片位置，例如数字 1 链接到雪橇项目的第 9 张幻灯片。

4. 幻灯片大小设置为宽度 28 厘米，高度 22 厘米，除标题幻灯片外，在其他幻灯片中插入页脚“冬奥运”。

5. 将第 1 张幻灯片的“冬季奥林匹克运动会”的文本框宽改为 15 厘米，高 2 厘米，文本居中显示；将第 1 张幻灯片右下角的图片的位置改为水平 12 厘米，左上角，垂直 9 厘米，自左上角，删除右下角的“Made by”文本框。

6. 设置第 2 张幻灯片的文本框的段落格式：段前段后间距均为 0 磅。

7. 在第 3 张幻灯片内插入 SmartArt 垂直曲形列表，把第 3 张幻灯片的内容剪切到所插入的 SmartArt 图形，并为所插入的 SmartArt 图形添加动画“飞入”，动画效果为“自底部”“逐个”“上一动画之后”“持续时间 1 秒”。

8. 为第 7 到第 13 张幻灯片中设置动画：依次点击选中幻灯片每张图片，然后添加动画“翻转式由远及近”“上一动画之后”“持续时间 2 秒”，实现幻灯片放映时每张幻灯片的图片依次出现。

9. 在第 1 张幻灯片插入音频“冰雪舞动.mp3”，并为所插入的音频设置为：“播放时隐藏”“跨幻灯片播放”“循环播放，直到停止”“播完返回开头”。

10. 在第 15 张幻灯片插入“奥运五环.jpg”，并删除图片白色背景，图片宽度大小改为 5 厘米，移到此幻灯片的右上角。

11. 设置幻灯片的放映方式为“在展台浏览（全屏幕）”。

12. 将制作好的幻灯片保存。

三、实验步骤视频（扫描二维码）

网络的配置

一、实验目的

1. 掌握查看 IP 地址相关配置的方法。
2. 掌握网络标识与资源共享的设置方法。

二、实验内容

1. 查看本地计算机的 IP 地址及连接。

（1）打开控制面板中的“网络和共享中心”，在“本地连接属性”对话框中，查看所用计算机 TCP/IP 协议的属性信息。

（2）请在 DOS 下查看本机的 IP 地址、DNS 服务器地址和本地连接的情况。

提示

单击“开始”菜单，选择“运行”，在弹出的对话框中输入“cmd”，并单击“确定”按钮在弹出的“命令提示符”窗口中输入“ipconfig/all”，此时会列出 IP 的相关配置信息。

2. 设置网络标识。

右击“计算机”，在弹出的快捷菜单中选择“属性”命令，在打开的对话框中更改计算机名，并将“工作组”重命名为“电脑组”，设置将在计算机重启后生效。

提示

此步骤不需要重新启动，只要求掌握操作方法即可。

3. 文件共享。

启用“网络发现”与“文件和打印机共享功能”，在 D 盘根目录下新建一个名为“信息安全”文件夹，并将其进行文件共享，设置为“Everyone”并可读取/写入。

三、实验步骤视频（扫描二维码）

实验14 网页浏览及使用

一、实验目的

掌握 Internet Explorer 浏览器的使用。

二、实验内容

1. Internet Explorer 浏览器的使用。

（1）启动 Internet Explorer，在地址栏输入“http://www.gxnun.edu.cn/”进入广西民族师范学院网站主页，将主页上方带有校徽的图片以默认类型用文件名“校徽”保存到自己的文件夹（如 E:\学号\实验 14）中。

（2）由学校主页进入教务处网站（学校主页→教学科研→教务处），在页面右下角将感兴趣的文件保存到自己的文件夹中，文件名为 tongzhi，类型按默认。

提示

右击超级链接“如关于公布我校参加第 12 届“红铜鼓”中国—东盟艺术教育成果展演获奖名单的通知”，利用命令“目标另存为”下载并保存。

（3）返回学校主页。

2. Internet Explorer 浏览器的有关技巧使用。

（1）由学校主页进入图书馆网站，将对应网页添加到收藏夹。

（2）整理收藏夹，对收藏的网址进行归类、改名称、删除等管理。

（3）把学校图书馆首页设置为浏览器主页。

（4）清除计算机上的历史记录，并让计算机保存浏览网页的历史记录 5 天，清除计算机上浏览器的临时 Internet 文件和网站文件。

提示

以上操作在“工具”→“Internet 选项”→“常规”选项卡中进行。

（5）关闭多媒体选项“在网页中播放动画”“在网页中播放声音”和“显示图片”，重新打开图书馆首页，观察对浏览网页的影响。

提示

以上操作在“工具”→“Internet 选项”→“高级”选项卡中进行。

三、实验步骤视频（扫描二维码）

电子邮件的使用

一、实验目的

1. 熟悉电子邮件的使用方法。

2. 理解当今社会中信息安全的重要性。

二、实验内容

利用浏览器收发电子邮件。

1. 在浏览器中登录自己的互联网邮箱（如 126 邮箱、新浪邮箱或 QQ 邮箱等），给同组的一位同学发一封关于学习方面的电子邮件，并同时抄送给同组的另一位同学。

2. 邮件的主题为“资料查询结果”，邮件内容为“见附件”。

3. 将自己文件夹中的“我校参加第 12 届“红铜鼓”中国—东盟艺术教育成果展演获奖名单的通知”（即 tongzhi）文件，作为邮件的附件。

4. 将邮件进行发送。

5. 接收、阅读并回复同学发来的电子邮件，回复内容“谢谢，邮件已收到!”。

三、实验步骤视频（扫描二维码）

网络信息的获取

一、实验目的

1. 熟练掌握 CNKI（中国知网）的基本使用方法。
2. 掌握常用搜索引擎的搜索语法的使用。
3. 理解健全网络综合治理体系、推动形成良好网络生态的重要性。

二、实验内容

1. 网络资源的使用，以 CNKI（中国知网）为例。

使用 IE 浏览器利用 CNKI 的“高级检索”功能搜索发表时间在 2017 年 12 月 31 日以后，主题中包含“区域链”并含“应用”的论文，选择其中一篇期刊以 PDF 格式下载并保存到自己的文件夹（如 E:\学号\实验 16）中。

提示

启动 Internet Explorer，在地址栏输入“http://www.gxnun.edu.cn/”进入广西民族师范学院网站主页，再进入学校图书馆主页面（学校主页→公共服务→图书馆网站）→资源→本馆资源→单击中国知网（CNKI）→进入中国知网总库(新版)→单击高级检索，输入相应内容进行搜索。

2. 利用搜索引擎（以下所有提示专指百度网站）检索信息。

（1）搜索包含关键字“区块链”的网页，并设定搜索的网页中要包含“电子商务”的完整关键词。

提示

用双引号语法精确匹配完整关键词。

（2）在新浪网站（www.sina.com.cn）中搜索包含关键字为“公务员”的网页。

提示

用 site 语法限定特定站点。

（3）在互联网中搜索包含关键词“计算机网络”的 PPT 文档。

提示

用 filetype 语法限定文档类型。

三、实验步骤视频（扫描二维码）

第三部分 模拟测试

“大学计算机应用基础”期末无纸化考试模拟试题 1

20××年××月××日　闭卷考试　考试时间：90 分钟

一、单项选择题（每项 1 分，20 项，共 20 分）

1. CAI 是（　　）的英文缩写。

   A. 计算机辅助教学　　B. 计算机辅助设计

   C. 计算机辅助制造　　D. 计算机辅助管理

2. 在 Word 2010 中删除行、列或表格的快捷键是（　　）。

   A. <Backspace>　　B. <Delete>　　C. 空格键　　D. 回车键

3. 大写字母锁定键是（　　），主要用于连续输入若干个大写字母。

   A. <Shift>　　B. <Ctrl>　　C. <Alt>　　D. <CapsLock>

4. 在 Excel 工作表的单元格中输入公式时，应先输入符号（　　）。

   A. '　　B. @　　C. &　　D. =

5. 计算机发生死机时若不能接收键盘信息，最好采用（　　）方法重新启动计算机。

   A. 冷启动　　B. 热启动　　C. 复位启动　　D. 断电

6. 到目前为止，计算机的发展已经经历了（　　）代。

   A. 3　　B. 4　　C. 5　　D. 6

7. 如果给出的文件名是*.*，则其含义是（　　）。

   A. 硬盘上的全部文件　　B. 当前盘当前文件夹中的全部文件

   C. 当前驱动器上的全部文件　　D. 根文件夹中的全部文件

8. 选择全部演示文稿时，可用组合键（　　）。

   A. <Shift+A>　　B. <Ctrl+Shift+A>

   C. <Ctrl+A>　　D. <Alt+Shift+A>

9. CPU 的中文含义是（　　）。

   A. 主机　　B. 中央处理单元

   C. 运算器　　D. 控制器

10. Windows 窗口式操作是为了（　　）。

    A. 方便用户　　B. 提高系统可靠性

    C. 提高系统的响应速度　　D. 保证用户数据信息的安全

11. 二进制数 11101011-10000100 等于（　　）。

    A. 1010101　　B. 10000010　　C. 1100111　　D. 10101010

12. MAN 是（　　）的英文缩写。

A. 局域网　　B. 广域网　　C. 城域网　　D. 校园网

13. 下列只能当作输入设备的是（　　）。

A. 终端　　B. 打印机　　C. 读卡机　　D. 磁带

14. 代表网页文件扩展名的是（　　）。

A. html　　B. txt　　C. doc　　D. ppt

15. 下列关于计算机硬件组成的描述中，错误的是（　　）。

A. 计算机硬件包括主机与外设

B. 主机通常指的就是 CPU

C. 外设通常指的是外部存储设备和输入/输出设备

D. CPU 的结构通常由运算器、控制器和寄存器组三部分组成

16. 顺序连续选择多个文件时，先单击要选择的第一个文件名，然后在键盘上按住（　　）键，移动鼠标单击要选择的最后一个文件名，则一组连续文件即被选定。

A. <Shift>　　B. <Ctrl>　　C. <Alt>　　D. <Del>

17. 输入设备是（　　）。

A. 从磁盘上读取信息的电子线路　　B. 磁盘文件等

C. 键盘、鼠标和打印机等　　D. 从计算机外部获取信息的设备

18. 计算机的发展阶段通常是按计算机所采用的（　　）来划分的。

A. 内存容量　　B. 物理器件　　C. 程序设计语言　　D. 操作系统

19. 把微机中的信息传送到 U 盘上，称为（　　）。

A. 复制　　B. 写盘　　C. 读盘　　D. 输出

20. 二进制数 01011011 转换为十进制数为（　　）。

A. 103　　B. 91　　C. 171　　D. 71

二、中英文打字（共 1 题，共计 10 分）

1996 年网络电话引起美国电信公司的注意，他们要求国会禁止该项技术。马来西亚总理 Mahathir Mohamad、巴勒斯坦解放组织主席 Yasser Arafat、菲律宾总统 Fidel Rhamos 在一个网上交互对话中交谈了 10 分钟。因为没有缴纳域名注册费，9 272 个组织的域名被 Inter NIC 从名字服务器删除。一些 ISP 遭遇到服务能力不足而断线的问题，这给他们是否能承担增长迅速的用户数目带来了疑问。由于一个黑客不断地使用 SYN 攻击，纽约的公共存取网络公司不得不关机。

三、Windows（共 1 题，共计 10 分）

请在打开的窗口中进行下列操作。完成所有操作后，请关闭窗口。

---

1. 在考生文件夹下分别建立 DENGA 和 DENGB 两个文件夹。
2. 将考生文件夹下 IBM 文件夹中的文件 MIN.WPS 设置成只读属性。
3. 将考生文件夹下文件 TV.TXT 移动到考生文件夹下 REN 文件夹中，并将该文件

重命名为 YUN.TXT。

4. 将考生文件夹下 TIMES 文件夹中的文件夹 NEW 复制到考生文件夹下 TT 文件夹中。

5. 为考生文件夹下 CHAIR 文件夹建立名为 RECHA 的快捷方式，存放在考生文件夹下的 FIT 文件夹中。

四、网络（共 2 题，共计 10 分）

第 1 题 （5 分）---

请在打开的窗口中进行下列操作。完成所有操作后，请关闭窗口。

注：试题中如果要求添加附件，请考生自己建立相应文件并附加。

为李峰发送一封标书邮件：

1. 李峰的邮箱地址为 lifeng@wwjt.com。
2. 同时抄送给赵总，邮箱地址为 zhaoyu@163.com。
3. 邮件的主题为“标书”，邮件内容为“见附件”。
4. 建立并添加一个“标书.docx”文档作为附件。
5. 设置邮件列表中“显示邮件摘要”。

发完邮件并保存好参数后退出邮箱。

第 2 题 （5 分）---

请在打开的窗口中进行下列操作。完成所有操作后，请关闭窗口。

----

1. 进入首都经济贸易大学首页，从导航栏“组织机构”中查找“教务处”，并进入教务处主页，将该网页以“网页，仅 HTML”的类型保存到当前试题文件夹中，文件名为：wy8。

2. 将该主页添加到收藏夹，名称为“教务处”。

3. 将该主页上的标志性图片（logo）保存到当前试题文件夹中，文件名为：wytp8。

五、Word（共 1 题，共计 20 分）

请打开 Word 文档进行下列操作。完成操作后，请保存文档，并关闭 Word。

----

1. 文本编辑：

（1）给文章加标题“大数据挖掘带动的变迁”，设置其字体格式为华文新魏、二号字、加粗、蓝色，字符间距缩放 120%。

（2）将正文中所有的“大数据”设置为红色，加着重号。

2. 页面设置：

（1）将页面设置为：A4 纸，上、下、左、右页边距均为 2.5 厘米，每页 40 行，每行 40 字符。

（2）给正文第五段设置 1.5 磅带阴影的绿色边框，填充浅绿色底纹。

（3）设置页眉为“云计算”，蓝色，居中显示，页脚为：添加页码，页码数字格式为“甲，乙，丙 …”，居中显示。

（4）为第二段“数学家图灵”添加尾注，内容为：阿兰麦席森图灵，生于1912年6月23日，逝于1954年6月7日，被誉为“计算机科学之父”和“人工智能之父”。

3. 段落设置：

（1）设置正文第一段首字下沉3行，首字字体为隶书、蓝色，其余各段首行缩进2字符。

（2）将第七段分为等宽两栏加分隔线。

（3） 标题段填充白色，背景色1，深色25%，段后间距0.5行，居中显示。

4. 图文混排：

（1）参考样张1，在正文适当位置插入试题文件夹下的图片“girl.jpg”，设置图片高度、宽度缩放比例均为30%，位置：中间居中，四周型环绕。

（2）参考样张2，在正文适当位置插入自选图形“云形标注”，添加文字“云计算”，字号为小四号字，“黑色，文字 1”，设置自选图形格式为：主题颜色 - 橙色，强调文字颜色6，四周型环绕。

（3）参考样张2，在正文适当位置插入艺术字“网络化”，采用第三行第四列样式，并将文字效果转换为山形，艺术字字体为华文隶书、小初字号，位置：顶端居左，四周型环绕。

（4）参考样张1，绘制竖排文本框，彩色轮廓-蓝色，强调颜色1；内容为：“移动互联网时代”，“华文琥珀”，小三号字，大小为宽1.5cm，高4.5cm，穿越型环绕，右侧。

六、Excel（共1题，共计20分）

请在打开的窗口中进行如下操作。操作完成后，请关闭Excel并保存工作簿。

----

1. 将Sheet1表中内容复制到Sheet2和Sheet3中，并将Sheet1重命名为“档案表”。

2. 将Sheet2第3至第7行、第10行以及B、C和D三列删除。

3. 将Sheet3中的“工资”每人增加10%，数据存放在F列。

4. 将Sheet3中“工资”列数据设置两位小数，并将A1:F101区域数据按“工资”降序排列。

5. 在Sheet3表中利用公式统计已婚职工人数，并把数据放入G2单元格。

6. 在Sheet3工作表后添加工作表Sheet4，将“档案表”的A到E列复制到Sheet4，自A1单元格开始存放。

7. 对Sheet4数据进行筛选操作，要求只显示“已婚”的工资在3500到4000之间（含3500和4000）的信息行。

七、PowerPoint（共 1 题，共计 10 分）

请在打开的演示文稿中完成以下操作。完成之后请关闭该窗口。

----

1. 插入一张新幻灯片，版式为“垂直排列标题与文本”，并完成如下设置：

（1）设置标题文字内容为“远程教育”，字体为“华文行楷”，字号为“60”，字形为“加粗”。

（2）设置文本的内容为“网校”。

（3）插入“前进或下一项”动作按钮，设置超链接为“下一张幻灯片”。

2. 插入一张新幻灯片，版式为“空白”，并完成如下设置：

（1）插入一个自选图形，样式为基本形状中的“云形”，自定义动画为“彩色脉冲”。

（2）插入“前进或下一项”动作按钮，设置超链接为“下一张幻灯片”。

3. 插入一张新幻灯片，版式为“空白”，并完成如下设置：

插入任意样式的艺术字，设置文字为“谢谢观赏”，字号“80”。

“大学计算机应用基础”期末无纸化考试模拟试题2

20××年××月××日　闭卷考试　考试时间：90分钟

一、单项选择题（每项1分，20项，共20分）

1. 超级链接只有在下列哪种视图中才能被激活（　　）。

A. 幻灯片视图　　B. 大纲视图

C. 幻灯片浏览视图　　D. 幻灯片放映视图

2. SRAM存储器是（　　）。

A. 静态随机存储器　　B. 静态只读存储器

C. 动态随机存储器　　D. 动态只读存储器

3. 我们通常说的内存条即指（　　）。

A. ROM　　B. EPROM　　C. PPROM　　D. RAM

4. 1MB=（　　）。

A. 1000 B　　B. 1024 B　　C. 1000 KB　　D. 1024 KB

5. 下列关于“1 kbit/S”准确的含义是（　　）。

A. 1000 bit/s　　B. 1000 B/s　　C. 1024 bit/s　　D. 1024 B/s

6. 将十进制数215转换成八进制数是（　　）。

A. 327　　B. 268　　C. 352　　D. 326

7. MAN是（　　）的英文缩写。

A. 局域网　　B. 广域网　　C. 城域网　　D. 校园网

8. 在Excel中工作簿一般是由（　　）组成。

A. 单元格　　B. 文字　　C. 工作表　　D. 单元格区域

9. 若Windows的菜单命令后面有省略号（…），就表示系统在执行此菜单命令时需要通过（　　）询问用户，获取更多的信息。

A. 窗口　　B. 文件　　C. 对话框　　D. 控制面板

10. 当某个应用程序不再响应用户的操作时，按（　　）组合键，弹出“关闭程序”对话框。

A. <Ctrl+Alt+Del>　　B. <Ctrl+Shift+Del>

C. <Ctrl+Shift+Tab>　　D. <Ctrl+Del>

11. （　　）是大写字母锁定键，主要用于连续输入若干个大写字母。

A. <Tab>　　B. <Ctrl>　　C. <Alt>　　D. <Caps Lock>

12. 在Windows中，“回收站”是（　　）文件存放的容器。

A. 已删除　B. 关闭　C. 打开　D. 活动

13. 通常所说的 24 针打印机属于（　　）。

A. 激光打印机　B. 喷墨打印机

C. 击打式打印机　D. 热敏打印机

14.（　　）不属于逻辑运算。

A. 非运算　B. 与运算　C. 除法运算　D. 或运算

15. 如用户在一段时间（　　），Windows 将启动执行屏幕保护程序。

A. 没有按键盘　B. 没有移动鼠标器

C. 既没有按键盘，也没有移动鼠标器　D. 没有使用打印机

16. 物理器件采用晶体管的计算机被称为（　　）。

A. 第一代计算机　B. 第二代计算机

C. 第三代计算机　D. 第四代计算机

17. 在使用 Internet Explorer 浏览器时，如果要将感兴趣的网页地址保存起来，以便以后浏览，可以将该网页地址保存在（　　）。

A. 收藏夹中　B. 文件中　C. 剪贴板中　D. 内存中

18. 汉字的字形通常分为（　　）两类。

A. 通用型和精密型　B. 通用型和专用型

C. 精密型和简易型　D. 普通型和提高型

19. 把微机中的信息传送到 U 盘上，称为（　　）。

A. 拷贝　B. 写盘　C. 读盘　D. 输出

20. 字符 5 的 ASCII 码表示是（　　）。

A. 1100101　B. 10100011　C. 1000101　D. 110101

二、中英文打字（共 1 题，共计 10 分）

现代电子计算机技术的飞速发展，离不开人类科技知识的积累，离不开许许多多热衷于此并呕心沥血的科学家们的探索。正是这一代代的积累才构筑了今天的“信息大厦”。Wilhelm Schickard 制作了一个能进行六位以内数的加减法，并能通过铃声输出答案的计算钟。通过转动齿轮来进行操作。William Oughtred 发明计算尺。法国数学家 Pascal 在 William Oughtred 计算尺的基础上将计算尺加以改进，能进行八位计算，并且还卖出了许多，成为一种时髦的商品。

三、Windows（共 1 题，共计 10 分）

请在打开的窗口中进行下列操作。完成所有操作后，请关闭窗口。

---

1. 将当前试题文件夹下 ME\YOU 文件夹中的文件 SHE.EXE 移动到当前试题文件夹下 HE 文件夹中，并将该文件改名为 WHO.PRC。

2. 将当前试题文件夹下 RE 文件夹中的文件 SANG.TMP 删除。

3. 将当前试题文件夹下 MEEST 文件夹中的文件 TOG.FOR 复制到当前试题文件夹下 ENG 文件夹中。

4. 在当前试题文件夹下 AOG 文件夹中建立一个新文件夹 KING。

5. 将当前试题文件夹下 DANG\SENG 文件夹中的文件 OWER.DBF 设置为隐藏和存档属性。

四、网络（共 2 题，共计 10 分）

第 1 题 （5 分）--

请在打开的窗口中进行下列操作。完成所有操作后，请关闭窗口。

注：试题中如果要求添加附件，请考生自己建立相应文件并附加。

为东明夫妇发送一封请客的邮件：

1. 东明邮箱地址为 dm123@wwjt.com。

2. 同时抄送给婷婷，邮箱地址为 tt123@abc.com。

3. 邮件的主题为“周末一起吃饭”。

4. 邮件内容为“周日晚六点老地方见”。

5. 设置邮箱个性签名为“同学”。

发完邮件并保存好参数后退出邮箱。

第 2 题 （5 分） --

请在打开的窗口中进行下列操作。完成所有操作后，请关闭窗口。

----

1. 将主页另存为“百度”。

2. 将主页添加到收藏夹，名称为“百度”。

3. 将“知道”另存为“新知道”，保存到当前试题文件夹内。

4. 将“图片”保存到“新图片”，保存到当前试题文件夹内。

五、Word（共 1 题，共计 20 分）

请打开 Word 文档，进行下列操作。完成操作后，请保存文档，并关闭 Word。

----

1. 按照要求完成下列操作并保存文档。

（1）设置纸张大小为“A4”，页边距为上、下、左、右边距各 2.5 厘米。

（2）将标题段（“春”）设置为小初号、华文楷体、加粗、居中，文本效果为：填充-橄榄色，强调文字颜色 3，轮廓-文本 2，为标题行添加绿色阴影边框、底纹图案样式 15%；段后间距设置为 0.8 行。

（3）将副标题（第二行）设置为仿宋、小三号、右对齐、添加字符边框、字符间距加宽 5 磅。

（4）将正文各段首行缩进 2 字符，段后间距 0.5 行，1.3 倍行距，对齐方式为：两端

对齐。

（5）将正文设置为五号、宋体。

（6）将正文第二段文字（“一切都像刚睡醒的样子……太阳的脸红起来了。”）应用样式“强调”。

（7）将正文第三段（“小草偷偷地从土里钻出来，……风轻悄悄的，草软绵绵的。”）分为等宽两栏、栏间距为 3 字符、栏间加分隔线。

（8）将正文第四段（“桃树、杏树、梨树……像星星，还眨呀眨的。”）首字下沉，下沉 2 行，字体为“黑体”，距正文 0.5 厘米。

（9）将正文第五段（“‘吹面不寒杨柳风’……这时候也成天在嘹亮地响着。”）中插入图片“杨柳风.jpg”，设置图片的高度和宽度均为 5 厘米，“四周型环绕”，在该段落中的位置不限。

（10）将正文第六段（“雨是最寻常的……”）按句号分成 7 段，并给这 7 段添加项目符号“●”。

（11）将正文第八、九、十这三段合并成一个段。

（12）插入空白页眉，内容为“春”，右对齐。

（13）在页面底端插入页码普通数字 1，位置居中，起始页码为Ⅲ。

（14）将正文中所有的“春”替换为红色、加粗的“Spring”。

（15）将散文中最后一行设置为仿宋、小五号、右对齐。

2. 在散文之后继续完成以下表格的题目。

（1）在表格顶端添加一标题“江苏大学计算机科学学院学时分配表”，设置为小二号、隶书、加粗、居中。

（2）在表格的最右边增加一列，列标题为“总学分”，计算各学年的总学分（总学分=（理论教学学时+实践教学学时）/2），将计算结果填入相应单元格内。

（3）在表格的底部增加一行，行标题为“学时合计”，分别计算四年理论、实践教学总学时，将计算结果填入相应单元格内；将表格中全部内容的对齐方式设置为水平居中。

（4）以主要关键字“理论教学学时”降序对该表中前 5 行进行排序，设置表格居中。

3. 完成上表后，继续按照要求完成下列表格操作并保存文档。

（1）在上一表格之后继续插入一 5 行 5 列表格，设置列宽为 2.4 厘米、表格居中；设置外框线为绿色 1.5 磅单实线、内框为绿色 0.75 磅单实线。

（2）再对表格进行如下修改：在第一行第一列单元格中添加一绿色 0.75 磅单实线对角线、第 1 行与第 2 行之间的表内框线修改为绿色 0.75 磅双窄线；将第 1 列 3 至 5 行单元格合并；将第 4 列 3 至 5 行单元格平均拆分为 2 列；

六、Excel（共 1 题，共计 20 分）

请在打开的窗口中进行如下操作。操作完成后，请关闭 Excel 并保存工作簿。

---

1. 在工作表 Sheet1 中完成如下操作：

（1）为 E6 单元格添加批注，批注内容为“不含奖金”。

（2）设置“姓名”列的宽度为“12”，表的 6～23 行高度为“18”。

（3）将表中的数据以“工资”为关键字，按升序排序。

2. 在工作表 Sheet2 中完成如下操作：

（1）将“姓名”列中的所有单元格的水平对齐方式设置为“居中”，并添加“单下划线”。

（2）在表的相应行，利用公式或函数计算“数学”“英语”“语文”和“物理”平均分。

3. 插入 Sheet3 并完成如下操作：

利用四种学科成绩和“姓名”列中的数据建立图表，图表类型为“簇状条形图”，并作为对象插入 Sheet3。

七、PowerPoint（共 1 题，共计 10 分）

1. 使用“极目远眺”主题修饰全文，全部幻灯片切换方案为“库”，效果选项为“自左侧”。

2. 在第一张幻灯片前插入版式为“标题幻灯片”的新幻灯片，主标题输入“神奇的章鱼保罗”，并设置为“黑体”，47 磅，红色（RGB 颜色模式：红色 220，绿色 0，蓝色 0），副标题输入“8 次预测全部正确”，并设置为“宋体”，30 磅。

3. 第二张幻灯片的版式改为“两栏内容”，左侧文本为 27 磅字，右侧内容区插入当前文件夹中图片 ppt1.png，图片动画设置为“进入”“飞旋”，文本动画设置为“进入”“旋转”。动画顺序为先文本后图片。

4. 将第三张幻灯片的版式改为“比较”，文本区的第二段文字移到标题区域，如样张 1 所示。右侧内容区插入当前文件夹中图片 ppt2.png。

5. 在第四张幻灯片前插入版式为“标题和内容”的新幻灯片，插入 9 行 3 列的表格，表格行高均为 1.4 厘米，如样张 2 所示，将第五张幻灯片的 9 行 3 列文字按顺序移入表格相应位置。

6. 删除第五张幻灯片。

“大学计算机应用基础”期末无纸化考试模拟试题 3

20××年××月××日　闭卷考试　考试时间：90 分钟

一、单项选择题（每项 1 分，20 项，共 20 分）

1. 在微型计算机的主要性能指标中，内存容量通常指（　　）。

A. ROM 的容量　　B. RAM 的容量
C. CD-ROM 的容量　　D. RAM 和 ROM 的容量之和

2. 键盘上的（　　）键只按本身就起作用。

A. Alt　　B. Ctrl　　C. Shift　　D. Enter

3. 在下面 4 种存储器中，易失性存储器是（　　）。

A. RAM　　B. PROM　　C. ROM　　D. CD-ROM

4. Windows Professional 属于（　　）。

A. 网络操作系统　　B. 多任务操作系统
C. 分时系统　　D. 实时系统

5. 不同的图像文件格式往往具有不同的特性。有一种格式具有图像颜色数目不多、数据量不大、能实现累进显示、支持透明背景和动画效果、适合在网页上使用等特性，这种图像文件格式是（　　）。

A. TIF　　B. GIF　　C. BMP　　D. JPEG

6. Excel 的主要作用是（　　）。

A. 编辑文件　　B. 制作画图
C. 制作电子表格　　D. 管理磁盘文件

7. 如果要调整行距，单击“段落”对话框中的（　　）标签。

A. 缩进和间距　　B. 换行和分段
C. 其他　　D. 度量值

8. 计算机发展的方向是巨型化、微型化、网络化、智能化，其中“巨型化”是指（　　）。

A. 体积大
B. 重量重
C. 功能更强、运算速度更快、存储容量更大
D. 外围设备更多

9. Windows 剪贴板是（　　）中的一个临时存储区，用来临时存放文字或图形。

A. 内存　　B. 显存
C. 硬盘　　D. 应用程序

10. 利用IE访问FTP服务器，访问FTP正确的网址是（　　）。

A. ftp://www.njtu.eud.cn　　B. http://ftp.njtu.edu.cn

C. ftp://ftp.njtu.edu.cn　　D. open://ftp.njtu.edu.cn

11. 在PowerPoint中，若想浏览文件中的标题和正文内容应选择（　　）视图。

A. 备注页　　B. 幻灯片

C. 大纲　　D. 幻灯片浏览

12. 按使用器件划分计算机发展史，当前使用的微型计算机，是（　　）计算机。

A. 集成电路　　B. 晶体管

C. 电子管　　D. 超大规模集成电路

13. 合法的E-mail地址是（　　）。

A. shi@online.sh.en　　B. shi.online.sh.cn

C. online.sh.cn@shj　　D. cn.sh.online.shi

14. 将十进制数35转换成二进制数是（　　）。

A. 100011　　B. 100111　　C. 111001　　D. 110001

15. 可以使用通配符（　　）来搜索名称相似的文字。

A. #　　B. *　　C. %　　D. $

16. 下面是一些常用的文件类型，其中（　　）文件类型是最常用的WWW网页文件。

A. txt或text　　B. htm或html

C. gif或jpeg　　D. wav或au

17. 在Excel中，若单元格C1中的公式为=A1+B2，将其复制到E5单元格，则E5中的公式是（　　）。

A. =C3+A4　　B. =C5+D6　　C. =C3+D4　　D. =A3+B4

18. HTML是一种（　　）。

A. 主页制作语言　　B. 超文本标记语言

C. WWW编程语言　　D. 浏览器编程语言

19. 以下关于计算机病毒的叙述中，正确的是（　　）。

A. 若删除盘上所有文件则病毒也会删除

B. 若用杀毒软盘清毒后，感染文件可完全恢复原来状态

C. 计算机病毒是一段程序

D. 为了预防病毒侵入，不要运行外来软盘或光盘

20. 把微机中的信息传送到U盘上，称为（　　）。

A. 拷贝　　B. 写盘　　C. 读盘　　D. 输出

二、中英文打字（共1题，共计10分）

1994年庆祝ARPANET/Internet诞生25周年。社区开始直接连入Internet。美国参议院和美国众议院开始提供信息服务，购物中心上网。第一家网上电台RT-FM开始在Las Vegas的Interop会议上播音。美国标准与技术研究院（NIST）建议GOSIP放弃只使用

OSI 协议标准的原则，而采纳 TCP/IP 协议。通过 Hut online 可直接订购比萨饼。根据在 NSFNET 上传输的包和字节数所占的百分数，WWW 超过 telnet 成为 Internet 上第二种最受欢迎的服务。

三、Windows（共 1 题，共计 10 分）

请在打开的窗口中进行下列操作。完成所有操作后，请关闭窗口。

---

1. 在考生文件夹下的 WORK 文件夹中新建一个 ENGLISH 文件夹。
2. 将考生文件夹下 BIAO 文件夹中的文件 ZHUN.BMP 重命名为 BOS.BMP。
3. 搜索考生文件夹下的 PRG.C 文件，然后将其删除。
4. 将考生文件夹下 COOL 文件夹中的 SUN 文件夹复制到考生文件夹下并命名为 OK。
5. 为考生文件夹下 WAN 文件夹中的 XYZ.TXT 文件建立名为 RXYZ 的快捷方式，存放在考生文件夹下。

四、网络（共 2 题，共计 10 分）

第 1 题 （5 分）--

请在打开的窗口中进行下列操作。完成所有操作后，请关闭窗口。

注：试题中如果要求添加附件，请考生自己建立相应文件并附加。

为周雪发送一封技术指标邮件：

1. 周雪邮箱地址为 zhouxue@wwjt.com。
2. 同时抄送给温总，邮箱地址为 5678@qq.com。
3. 邮件的主题为"技术指标"，邮件内容为"见附件"。
4. 建立并添加一个"技术参数.docx"文档作为附件。
5. 设置邮件列表中，每页显示"50"封邮件。

发完邮件并保存好参数后退出邮箱。

第 2 题 （5 分）--

请在打开的窗口中进行下列操作。完成所有操作后，请关闭窗口。

---

1. 打开主页，将其中左上角图片另存为"民族村.jpg"，保存到当前试题文件夹内。
2. 将主页添加到收藏夹"链接"目录下，名称为"昆明著名旅游景点"。
3. 打开主页中"世博园"链接页面，将该网页另存为"世博园简介.htm"，保存类型为：网页，仅 HTML(*.htm;*.html)，保存到当前试题文件夹内。

五、Word（共 1 题，共计 20 分）

请打开 Word 文档进行下列操作。完成操作后，请保存文档，并关闭 Word。

----

1. 设置标题“路德维希·凡·贝多芬”的字体为“黑体”，字号为“二号”，字形为“加粗”，对齐方式为“居中”，段前、段后间距均为“15 磅”。

2. 设置副标题“——我要扼住命运的咽喉”字体为“黑体”，字号为“三号”，字形为“倾斜”，对齐方式为“右对齐”，段后间距为“13 磅”。

3. 设置正文所有段落字号为“小四”，首行缩进为“21 磅”，段后间距为“15 磅”。

4. 设置页眉为“贝多芬”。

5. 页面设置方向为“横向”，上、下、左、右页边距均为“85 磅”。

6. 将试题文件夹下的图片“W06-M.jpg”插入到正文第 1 段右侧，图片高度和宽度缩放为“50%”，自动换行为“四周型”。

六、Excel（共 1 题，共计 20 分）

请在打开的窗口中进行如下操作。操作完成后，请关闭 Excel 并保存工作簿。

在工作表 Sheet1 中完成如下操作：

1. 为 G6 单元格添加批注，内容为“今年”。

2. 设置表 B 列，列宽为“12”，表 6~15 行，行高为“18”。

3. 将表格中的数据以“总课时”为关键字，按升序排序。

4. 设置“姓名”列所有单元格的水平对齐方式为“居中”，并添加“单下划线”。

5. 利用函数计算数值各列的平均数，结果添到相应的单元格中。

6. 将“姓名”列所有单元格的底纹颜色设置成“浅蓝色”。

7. 利用“授课班数、授课人数、课时（每班）和姓名”列中的数据创建图表，图表标题为“授课信息统计表”，图表类型为“簇状柱形图”，并作为对象插入 Sheet1。

七、PowerPoint（共 1 题，共计 10 分）

1. 所有幻灯片应用主题“波形”，为第一张幻灯片所有对象设置动画效果为“飞入”，“与上一个动画同时”，“持续时间 2 秒”。所有幻灯片切换效果为“闪光”。

2. 在第二张幻灯片右下角位置上中插入图片 PIC1.JPG，设置图片高度为 10 厘米，锁定纵横比，设置动画效果为“飞旋”，“单击时”，“持续时间 1 秒”。

3. 对第六张幻灯片的冬奥会项目的 1~6 的 6 个数字编号，分别建立超链接，链接到后面对应项目的幻灯片位置，例如编号 1 链接雪橇项目的第九张幻灯片。

4. 将幻灯片大小设置为宽度 28 厘米，高度 22 厘米，除标题幻灯片外，在其他幻灯片中插入页脚“冬奥会”。

5. 将制作好的幻灯片保存。

“大学计算机应用基础”期末无纸化考试模拟试题 4

20××年××月××日　闭卷考试　考试时间：90 分钟

一、单项选择题（每项 1 分，20 项，共 20 分）

1. WWW 浏览器是（　　）。

A. 一种操作系统　　B. TCP/IP 体系中的协议

C. 浏览 WWW 的客户端软件　　D. 远程登录的程序

2. 世界上第一个局域网是在（　　）年诞生的。

A. 1946　　B. 1969　　C. 1977　　D. 1973

3. 一个字节含（　　）位二进制数。

A. 2　　B. 8　　C. 6　　D. 0

4. 单元格中的内容（　　）。

A. 只能是数字　　B. 只能是文字

C. 不可以是函数　　D. 可以是文字，数字，公式

5. 下面关于通用串行总线 USB 的描述中，不正确的是（　　）。

A. USB 接口为外设提供电源

B. USB 设备可以起集线器作用

C. 可同时连接 127 台输入/输出设备

D. 通用串行总线不需要软件控制就能正常工作

6. 下列 4 种设备中，属于计算机输入设备的是（　　）。

A. UPS　　B. 服务器　　C. 绘图仪　　D. 扫描仪

7. CAI 是指（　　）。

A. 系统软件　　B. 计算机辅助教学

C. 计算机辅助设计　　D. 办公自动化系统

8. 当 Windows 程序被最小化后，该程序（　　）。

A. 停止运行　　B. 被转入后台运行

C. 不能打开　　D. 不能关闭

9. 完整的计算机硬件系统一般包括外围设备和（　　）。

A. 运算器和控制器　　B. 存储器

C. 主机　　D. 中央处理器

10. 保存新建的演示文稿时，系统默认的文件类型是（　　）。

A. PowerPoint 放映　　B. PowerPoint 95&97 演示文稿

C. 演示文稿　　D. 演示文稿模板

11. 计算机能够自动工作，主要是因为采用了（　　）。

A. 二进制数制　　B. 高速电子元件

C. 存储程序控制　　D. 程序设计语言

12. 在下列有关 USB 接口的说法中，正确的是（　　）。

A. USB 接口的外观为一圆形

B. USB 接口可用于热拔插场合的接插

C. USB 接口的最大传输距离为 5 米

D. USB 采用并行接口方式，数据传输率很高

13. 6 位无符号二进制数能表示的最大十进制整数是（　　）。

A. 64　　B. 63　　C. 32　　D. 31

14. 用 Word 编辑完一个文件后，想知道其打印效果，可选择 Word 的（　　）功能。

A. 打印预览　　B. 模拟打印　　C. 提前打印　　D. 屏幕打印

15. Word 中插入图片的默认版式为（　　）。

A. 嵌入型　　B. 紧密型　　C. 浮于文字上方　D. 四周型

16. 计算机集成制造系统的英文缩写是（　　）。

A. CIMS　　B. ERP　　C. MRP　　D. GIS

17. 下列选项中，（　　）不是计算机病毒的特点。

A. 可执行性　　B. 破坏性　　C. 遗传性　　D. 潜伏性

18. 在 Excel 中，公式"=SUM(C2,E3:F4)"的含义是（　　）。

A. =C2+E3+E4+F3+F4　　B. =C2+F4

C. =C2+E3+F4　　D. =C2+E3

19. SRAM 存储器是（　　）。

A. 静态随机存储器　　B. 静态只读存储器

C. 动态随机存储器　　D. 动态只读存储器

20. Windows 的系统口令是在（　　）设置的。

A. 系统的安装文件中　　B. "开始"菜单中

C. "控制面板"中　　D. "资源管理器"中

二、中英文打字（共 1 题，共计 10 分）

"小微企业""三农"贷款增速比各项贷款平均增速分别高 4.2%和 0.7%。同时，完善"金融监管"，坚决守住不发生区域性系统性风险的底线。集成电路、高端装备[1.70%]制造、新能源汽车等战略性新兴产业，新建铁路投产里程 8427 公里，高速铁路运营里程达 1.6 万公里，占世界的 60%以上。高速公路通车里程达 11.2 万公里，水路、民航、管道建设进一步加强。除了 Excel 之外，微软还提供了其他的大数据交互工具：BI 专业人员可以使用 BI Developer Studio 来设计 OLAP cube，或在（SQL Server Analysis Services）中设计可伸缩的 PowerPivot 模型。制定"互联网+"行动计划，推动移动《互联网》、《云计算》、"大数据""物联网"等与现代制造业结合。

三、Windows（共 1 题，共计 5 分）

请在打开的窗口中进行下列操作。完成所有操作后，请关闭窗口。

---

1. 将考生文件夹下 BNPA 文件夹中的 RONGHE.COM 文件复制到考生文件夹下的 EDZK 文件夹中，文件名改为 SHAN.COM。

2. 在考生文件夹下 WUE 文件夹中创建名为 PB6.TXT 的文件，并设置属性为只读。

3. 为考生文件夹下 AHEWL 文件夹中的 MENS.EXE 文件建立名为 KMENS 的快捷方式，并存放在考生文件夹下。

4. 将考生文件夹下的 HGACYL 文件夹中的 RLQM.MEM 文件移动到考生文件夹下的 XEPO 文件夹中，并改名为 PLAY.MEM。

5. 搜索考生文件夹下的 AUTOE.BAT 文件，然后将其删除。

四、网络（共 2 题，共计 10 分）

第 1 题 （5 分）--

请在打开的窗口中进行下列操作。完成所有操作后，请关闭窗口。

注：试题中如果要求添加附件，请考生自己建立相应文件并附加。

给朋友发送一封周末烧烤的邮件：

1. 收件人邮箱地址为 zhangqiang@abc.com。
2. 添加抄送 sunfei@abc.com。
3. 邮件的主题为“周末聚餐”。
4. 邮件内容为“周末带好炉子，我来买肉”。
5. 设置邮件收件人自动保存到历史联系人。

发完邮件并保存好参数后退出邮箱。

第 2 题 （5 分）--

请在打开的窗口中进行下列操作。完成所有操作后，请关闭窗口。

---

1. 将主页另存为“认识计算机.htm”，保存类型为：网页，仅 HTML（*.htm；*.html），保存到当前试题文件夹内。

2. 将主页左下方机箱图片另存为“主机机箱.jpg”，保存到当前试题文件夹内。

3. 打开主页中“还有哪些外存储器呢？”链接的页面，将该网页添加到收藏夹“链接”目录内，名称为“打印机分类”。

五、Word（共 1 题，共计 20 分）

请打开 Word 文档进行下列操作。完成操作后，请保存文档，并关闭 Word。

1. 将文中所有“电脑”替换为“计算机”；将标题段文字（“信息安全影响我国进入电子社会”）设置为三号黑体、红色、倾斜、居中并添加蓝色底纹。

2. 将正文各段文字(“随着网络经济……高达人民币2100万元。”)设置为五号楷体；各段落左、右各缩进0.5字符，首行缩进2字符，1.5倍行距，段前间距0.5行。

3. 将正文第三段（“同传统的金融管理方式相比，……新目标。”）分为等宽两栏，栏宽18字符；给正文第四段（“据有关资料，……2100万元。”）添加项目符号■。

4. 将表格上端的标题文字设置成三号、仿宋、加粗、居中；计算表格中各学生的平均成绩。

5. 将表格中的文字设置成小四号、宋体，对齐方式为水平居中；数字设置成小四号、Times New Roman体、加粗，对齐方式为中部右对齐；小于60分的平均成绩用红色表示。

六、Excel（共1题，共计20分）

1. 将Sheet1工作表的A1:G1单元格合并为一个单元格，内容水平居中；计算“平均成绩”列的内容（数值型，保留小数点后2位）。

2. 计算一组学生人数（置G3单元格内，利用COUNTIF函数）和一组学生平均成绩（置G5单元格内，利用SUMIF函数）。

3. 如样张所示，选取“学号”（A2:A12区域）和“平均成绩”（F2:F12区域）列内容，建立“簇状棱锥图”，图标题为“平均成绩统计图”，删除图例列。

4. 将图表移动到工作表的A14:G29单元格区域内，将工作表命名为“成绩统计表”。

5. 对工作表“图书销售情况表2”内数据清单的内容建立数据透视表，行标签为“经销部门”，列标签为“图书类别”，求和项为“数量（册）”，并置于现工作表的H2:L7单元格区域，工作表名不变。

七、PowerPoint（共1题，共计15分）

在某展会的产品展示区，公司计划在大屏幕投影上向来宾自动播放并展示产品信息，因此需要市场部助理小王完善产品宣传文稿的演示内容。按照如下需求，完成制作工作：

1. 将演示文稿中的所有中文文字字体由“宋体”替换为“微软雅黑”。

2. 为了布局美观，将第2张幻灯片中的内容区域文字转换为“基本维恩图”SmartArt布局，更改SmartArt的颜色为样张所示，并设置该SmartArt样式为“强烈效果”。

3. 为上述SmartArt图形设置由幻灯片中心进行“缩放”的进入动画效果，并要求自上一动画开始之后自动、逐个展示SmartArt中的3点产品特性文字。

4. 设置所有幻灯片的切换效果为“涟漪”。

5. 将试题文件夹中的声音文件“BackMusic.mid”作为该演示文稿的背景音乐，并要求在幻灯片放映时即开始播放，至演示结束后停止，放映时隐藏。

6. 为演示文稿最后一页幻灯片右下角的图形添加指向网址“http://www.microsoft.com/”的超链接。

7. 为演示文稿创建 3 个节，其中“开始”节中包含第 1 张幻灯片，“更多信息”节中包含最后 1 张幻灯片，其余幻灯片均包含在“产品特性”节中。

8. 设置放映类型为“在展台浏览”，设置每张幻灯片的自动放映时间为 10 秒钟。

9. 保存幻灯片，然后再以“PowerPoint.pptx”为文件名另存一份在当前试题文件夹下。

“大学计算机应用基础”期末无纸化考试模拟试题 5

20××年××月××日　闭卷考试　考试时间：90 分钟

一、单项选择题（每项 1 分，20 项，共 20 分）

1. 在 Excel 的单元格中，如要输入数字字符串 02510201(学号)时，应输入（　　）。

   A. '02510201　　B. "02510201"

   C. 02510201'　　D. 2510201

2. 电子商务的本质是（　　）。

   A. 计算机技术　　B. 电子技术

   C. 商务活动　　D. 网络技术

3. 对 Excel 中的数据库表进行（　　）时，必须先执行“排序”操作。

   A. 合并计算　　B. 筛选　　C. 数据透视　　D. 分类汇总

4. 把微机中的信息传送到 U 盘上，称为（　　）。

   A. 拷贝　　B. 写盘　　C. 读盘　　D. 输出

5. 删除文档中插入的图文框及其所有内容的操作为（　　）。

   A. 选中后按<Del>键　　B. 选中后按<Esc>键

   C. 按<Insert>键　　D. 选中后按格式菜单中的图文框命令

6. Word 属于（　　）。

   A. 操作系统　　B. 字处理软件

   C. 语言编译软件　　D. 图形处理软件

7. 通过电话线拨号入网，（　　）是必备的硬件。

   A. 调制解调器　　B. 光驱

   C. 声卡　　D. 打印机

8. 接收电子邮件的服务器是 POP3，外发邮件服务器是（　　）。

   A. TCP　　B. IP　　C. HTTP　　D. SMTP

9. 6 位无符号二进制数能表示的最大十进制整数是（　　）。

   A. 64　　B. 63　　C. 32　　D. 31

10. 在 PowerPoint 2010 中默认的视图模式是（　　）。

    A. 普通视图　　B. 阅读视图

    C. 幻灯片浏览视图　　D. 备注视图

11. 在计算机内部，无论是数据还是指令均以二进制数的形式存储。人们在表示存储地址时常采用（　　）二进制位表示。

A. 2　　B. 8　　C. 10　　D. 16

12. RAM 的特点是（　　）。

A. 海量存储器

B. 存储在其中的信息可以永久保存

C. 一旦断电，存储在其上的信息将全部消失，且无法恢复

D. 只用来存储中间数据

13. Windows 能自动识别和配置硬件设备，此特点称为（　　）。

A. 即插即用　　B. 自动配置　　C. 控制面板　　D. 自动批处理

14. 把计算机分为巨型机、大中型机、小型机和微型机，本质上是按（　　）来区分的。

A. 计算机的体积　　B. CPU 的集成度

C. 计算机综合性能指标　　D. 计算机的存储容量

15. CPU 的主要性能指标是（　　）。

A. 价格、字长、内存容量　　B. 价格、字长、可靠性

C. 字长、主频　　D. 主频、内存和外存容量

16. MAN 是（　　）的英文缩写。

A. 局域网　　B. 广域网　　C. 城域网　　D. 校园网

17. 二进制数 101101011 转换为八进制数是（　　）。

A. 553　　B. 554　　C. 555　　D. 563

18. 计算机辅助教育的英文缩写是（　　）。

A. CAM　　B. CAD　　C. CAI　　D. CAE

19. 以下关于 Internet 互联网的说法中，错误的是（　　）。

A. Internet 即国际互联网　　B. Internet 具有网络资源共享的特点

C. 在中国称为因特网　　D. Internet 是局域网的一种

20. 可从（　　）中随意读出或写入数据。

A. PROM　　B. ROM　　C. RAM　　D. EPROM

二、中英文打字（共 1 题，共计 10 分）

真空管时代的计算机尽管已经步入了现代计算机的范畴，但其体积之大、能耗之高、故障之多、价格之贵大大制约了它的普及应用。直到晶体管被发明出来，电子计算机才找到了腾飞的起点，一发而不可收。ENIAC（Electronic Numerical Integrator 和 Computer）：第一台真正意义上的数字电子计算机，开始研制于 1943 年，完成于 1946 年，负责人是 John W. Mauchly 和 J. Presper Eckert，重 30 吨，18000 个电子管，功率 25 千瓦，主要用于计算弹道和氢弹的研制。

三、Windows（共 1 题，共计 5 分）

请在打开的窗口中进行下列操作。完成所有操作后，请关闭窗口。

---

1. 在考生文件夹下创建名为 FANG 的文件夹。

2. 将考生文件夹下的 JAN 文件夹复制到考生文件夹下的 FTF 文件夹中。

3. 将考生文件夹下的 WZ\FEB 文件夹设置成隐藏属性。

4. 删除考生文件夹下 BAD 文件夹中的 HOU.DBF 文件。

5. 搜索考生文件夹下的 ART.PPT 文件，将其移动到考生文件夹下的 FANG 文件夹中。

四、网络（共 2 题，共计 10 分）

第 1 题 （5 分）--

请在打开的窗口中进行下列操作。完成所有操作后，请关闭窗口。

注：试题中如果要求添加附件，请考生自己建立相应文件并附加。

给同事发送一封周末开会的通知邮件：

1. 收件人邮箱地址为 tanglong@wwjt.com。

2. 添加抄送 lvqiang@wwjt.com。

3. 邮件的主题为“开会通知”。

4. 邮件内容为“明早八点准时开始”。

5. 设置邮件列表中，每页显示“100”封邮件。

发完邮件并保存好参数后退出邮箱。

第 2 题 （5 分）--

请在打开的窗口中进行下列操作。完成所有操作后，请关闭窗口。

----

1. 将主页添加到收藏夹“链接”目录内，名称为“新世纪音乐”。

2. 将主页中页面上面中间部分的图片另存为“蓝图在线 LOGO.gif”，保存到当前试题文件夹内。

3. 打开主页中“社区首页”链接页面，将该页面另存为“音乐驿站.htm”，保存类型为：网页，仅 HTML(*.htm;*.html)，保存到当前试题文件夹内。

五、Word（共 1 题，共计 20 分）

请打开 Word 文档中进行下列操作。完成操作后，请保存文档并关闭 Word。

----

1. 将标题段（“中国铁路第六次大提速”）文字设置为三号红色黑体、加粗，字符间距加宽 3 磅。

2. 将正文各段落（“4 月 18 日零时……广大乘客。”）中的文字设置为 5 号宋体；设置正文各段落左、右各缩进 1 字符，首行缩进 2 字符；

3. 在页面底端（页脚）居中位置插入页码，并设置起始页码为“Ⅲ”。

4. 将文中后 9 行文字转换为一个 9 行 3 列的表格；设置表格居中，表格列宽为 3.5

厘米，行高 0.6 厘米，表格中所有文字水平居中；

5. 设置表格外框线为 0.75 磅蓝色双窄线、内框线为 0.75 磅蓝色单实线；按“全程运行时间”列（依据“数字”类型）降序排列表格内容。

六、Excel（共 1 题，共计 20 分）

请在打开的窗口中进行如下操作。操作完成后，请关闭 Excel 并保存工作簿。

---

1. 在工作表 Sheet1 中完成如下操作：

（1）设置标题“公司成员收入情况表”单元格水平对齐方式为“居中”，字体为“黑体”，字号为“16”。

（2）为 E7 单元格添加批注，内容为“已缴”。

（3）利用条件格式化功能将“收入”列中介于 1000 到 3000 之间的数据，设置单元格底纹颜色为“红色”。

2. 在工作表 Sheet2 中完成如下操作：

（1）将工作表重命名为“工资表”。

（2）利用函数计算“年龄”列平均年龄，并将结果存入相应单元格中。

（3）筛选出“工资”列大于 300.00 的数据。

3. 在工作表 Sheet3 中完成如下操作：

（1）将表格中的数据以“本年实际”为关键字，按降序排序。

（2）设置 B6:B16 单元格区域底纹颜色为“浅蓝色”。

七、PowerPoint（共 1 题，共计 15 分）

请在打开的演示文稿中完成以下操作，完成之后请关闭该窗口。

---

1. 设置幻灯片版式为“仅标题”，并完成如下设置：

（1）设置标题文字内容为“中国大事”。

（2）插入横排文本框，输入内容为“WTO”，设置字号为“41”。

（3）插入任意一幅剪贴画，设置高度为“8.45 厘米”，宽度为“12.73 厘米”。

2. 插入一张新幻灯片，版式为“空白”，并完成如下设置：

（1）插入考生试题文件夹下的音频文件“P01-M.mp3”，设置音频“自动”播放。

（2）插入一垂直文本框，设置文字内容为“多年的努力终于有了回报”，字体为“黑体”，字形为“加粗、倾斜”，字号为“36”。

3. 设置所有幻灯片的宽度为“23.28 厘米”，高度为“17.99 厘米”。

“大学计算机应用基础”期末无纸化考试模拟试题 6

20××年××月××日　闭卷考试　考试时间：90 分钟

一、单项选择题（每项 1 分，20 项，共 20 分）

1. 计算机的技术性能指标主要是指（　　）。
   A. 计算机所配备的语言、操作系统、外部设备
   B. 硬盘的容量和内存的容量
   C. 显示器的分辨率、打印机的性能等配置
   D. 字长、运算速度、内/外存容量和 CPU 的时钟频率
2. 网页中的图片不可另存为（　　）。
   A. *.JPG　　B. *.GIF　　C. *.PCX　　D. *.BMP
3. 在下列关于字符大小关系的说法中，正确的是（　　）。
   A. 空格>a>A　　B. 空格>A>a　　C. a>A>空格　　D. A>a>空格
4. 当用浏览器浏览网页时，下载网页中图片的正确方法是（　　）。
   A. 在图片上单击鼠标左键
   B. 用“复制”命令
   C. 鼠标放在图片上，单击“文件”菜单中“另存为”命令
   D. 在图片上单击鼠标右键，选择快捷菜单中“图片另存为”命令
5. 在 Excel 2010 中仅把某单元格的批注复制到另外单元格中方法是（　　）。
   A. 复制原单元格 到目标单元格执行粘贴命令
   B. 复制原单元格 到目标单元格执行选择性粘贴命令
   C. 使用格式刷
   D. 将两个单元格链接起来
6. 在 Excel 中，当单元格中出现 ##### 是什么意思（　　）？
   A. 列的宽度不足以显示内容
   B. 单元格引用无效
   C. 函数名拼写有误
   D. 使用了 Excel 不能识别的名称
7. 显示器的重要技术指标是（　　）。
   A. 对比度　　B. 灰度　　C. 分辨率　　D. 色彩
8. 下面关于筛选掉的记录的叙述中，错误的是（　　）。
   A. 不打印　　B. 不显示　　C. 永远丢失了　　D. 可以恢复

9. 在域名标识中，不用国家代码表示的是（　　）的主机。

A. 美国　　B. 英国　　C. 日本　　D. 中国

10. 完整的计算机硬件系统一般包括外围设备和（　　）。

A. 运算器和控制器　　B. 存储器

C. 主机　　D. 中央处理器

11. 下列四条叙述中，属于 ROM 特点的是（　　）。

A. 可随机读取数据，且断电后数据不会丢失

B. 可随机读写数据，断电后数据将全部丢失

C. 只能顺序读写数据，断电后数据将部分丢失

D. 只能顺序读写数据，且断电后数据将全部丢失

12. 计算机的指令主要存放在（　　）中。

A. 存储器　　B. 微处理器　　C. CPU　　D. 键盘

13. 已知英文字母 m 的 ASCII 码值为 6DH，那么 ASCII 码值为 71H 的英文字母是（　　）。

A. M　　B. j　　C. P　　D. q

14. CAM 软件可用于计算机（　　）。

A. 辅助制造　　B. 辅助测试　　C. 辅助教学　　D. 辅助设计

15. 在 Windows 中，允许用户同时打开（　　）个窗口。

A. 8　　B. 16　　C. 32　　D. 多

16. 在以下不同进制的四个数中，最小的一个数是（　　）。

A. $(75)_{10}$　　B. $(37)_{8}$　　C. $(A7)_{16}$　　D. $(11011001)_{2}$

17.（　　）是不合法的十六进制数。

A. H1023　　B. 10111　　C. A120　　D. 777

18. 在 Windows 中，呈灰色显示的菜单表示（　　）。

A. 该菜单当前不能选用　　B. 选中该菜单后将弹出对话框

C. 计算机中有病毒　　D. 该菜单正在使用

19. 操作系统对磁盘进行读/写操作的物理单位是（　　）。

A. 磁道　　B. 字节　　C. 扇区　　D. 文件

20. 计算机发展的方向是巨型化、微型化、网络化、智能化，其中"巨型化"是指（　　）。

A. 体积大

B. 重量重

C. 功能更强、运算速度更快、存储容量更大

D. 外部设备更多

二、中英文打字（共 1 题，共计 10 分）

CSNET 与 ARPANET 的网关开始启用。ARPANET 分成 ARPANET 和 MILNET 两部分，后者并入 1982 年建立的国防数据网。现存 113 个节点中的 68 个进入 MILNET。开始出现工作站，它们大多使用包含有 IP 网络协议的 Berkeley Unix 操作系统。连网需求从每个节点单独的大型分时计算机系统与 Internet 相连转为将一个局域网络与 Internet 相连。

建立 Internet 行动委员会(IAB),取代了 ICCB。EARN(欧洲科学研究网)建立,它同 BITNET 非常相似,使用 IBM 公司赞助的网关硬件。Tom Jennings 建立 Fidonet。

三、Windows(共1题,共计5分)

请在打开的窗口中进行下列操作。完成所有操作后,请关闭窗口。

---

1. 将考生文件夹下 SINK 文件夹中的文件夹 GUN 复制到考生文件夹下的 PHILIPS 文件夹中,并更名为 BATTER。
2. 将考生文件夹下 SUICE 文件夹中的文件夹 YELLOW 的隐藏属性撤销。
3. 在考生文件夹下 MINK 文件夹中建立一个名为 WOOD 的新文件夹。
4. 将考生文件夹下 POUNDER 文件夹中的文件 NIKE.PAS 移动到考生文件夹下 NIXON 文件夹中。
5. 将考生文件夹下 BLUE 文件夹中的文件 SOUPE.FOR 删除。

四、网络(共2题,共计10分)

第1题 (5分)--

请在打开的窗口中进行下列操作。完成所有操作后,请关闭窗口。

注:试题中如果要求添加附件,请考生自己建立相应文件并附加。

为姜宇发送一封工作安排的邮件:

1. 姜宇邮箱地址为 jiangyu@wwjt.com。
2. 同时抄送给李总,邮箱地址为 lifeng@163.com。
3. 邮件的主题为"工作安排",邮箱内容为"见附件"。
4. 建立并添加一个"详情.docx"文档作为附件。
5. 设置邮件列表中,"显示邮件摘要"。

发完邮件并保存好参数后退出邮箱。

第2题 (5分)--

请在打开的窗口中进行下列操作。完成所有操作后,请关闭窗口。

---

1. 打开主页,将其中左上角图片另存为"民族村.jpg",保存到当前试题文件夹内。
2. 将主页添加到收藏夹"链接"目录下,名称为"昆明著名旅游景点"。
3. 打开主页中"世博园"链接页面,将该网页另存为"世博园简介.htm",保存类型为:网页,仅 HTML(*.htm;*.html),保存到当前试题文件夹内。

五、Word(共1题,共计20分)

请在打开的试题文件夹下的"文档.docx"文件中,参考"样张",按照下列要求进

行操作，最后保存为同名文件。

答题过程中需要的相关文件请在试题文件夹下查找。

---

1. 将正文设置成黄色、宋体；首行缩进 2 个字符；第一段首字下沉 2 行，楷体，加粗；将文档第三段设置成分两栏显示，加分隔线。

2. 将标题““大数据”时代，什么是数据分析做不了的？”设置成艺术字，艺术字样式为“填充-红色，强调文字颜色 2，粗糙棱台”，并添加“水绿色，11pt 发光，强调文字颜色 5”文本效果；设置二号字，宋体，艺术字区域高 3.53 厘米，宽 9.53 厘米。位置见样张 1。

3. 为文档添加文字水印，文字内容“摘自果壳网”，宋体，浅蓝色，半透明，斜式。

4. 为文档添加试题文件夹下的图片“思考.jpg”，将图片缩放为 50%，置于第 2 页的左上部位，设置“松散透视，白色” 图片样式。

5. 从“数据不懂社交”到“数据掩盖了价值观念”的各段设置成编号列表，如样张所示。

六、Excel（共 1 题，共计 20 分）

请在打开的窗口中进行如下操作。操作完成后，请关闭 Excel 并保存工作簿。

---

1. 将 Sheet1 工作表的 A1:D1 单元格区域合并为一个单元格，内容水平居中；用函数计算 2002 年和 2003 年数量的合计，用公式计算增长比例列的内容(增长比例 = (2003 年数量 – 2002 年数量)/2002 年数量)，单元格格式的数字分类为百分比，小数位数为 2，将工作表命名为“产品销售对比表”。

2. 选取“产品销售对比表”的 A2:C6 单元格区域，建立“簇状柱形图”，图表标题为“产品销售对比图”，在顶部显示图例，将图插入到表的 A9:D19 单元格区域内。

七、PowerPoint（共 1 题，共计 15 分）

请在打开的演示文稿中完成以下操作，完成之后请关闭该窗口。

---

1. 插入一张新幻灯片，版式为“标题幻灯片”，并完成如下设置：

（1）设置主标题文字内容为“愿望”，字体为“黑体”，字号为“72”，字形为“加粗”。

（2）设置副标题文字内容为“精忠报国”，超级链接为“下一页幻灯片”。

（3）插入任意一幅剪贴画，设置高度为“5 厘米”，宽度为“6 厘米”。

2. 插入一张新幻灯片，版式为“空白”，并完成如下设置：

（1）插入任意样式的艺术字，设置艺术字的文字内容为“爱我中华”。

（2）设置所有幻灯片切换效果为“自顶部擦除”。

3. 设置整个演示文稿的主题为“穿越”。

“大学计算机应用基础”期末无纸化考试模拟试题 7

20××年××月××日　闭卷考试　考试时间：90 分钟

一、单项选择题（每项 1 分，20 项，共 20 分）

1. 把计算机分为巨型机、大中型机、小型机和微型机，本质上是按（　　）来区分的。

A. 计算机的体积　　B. CPU 的集成度

C. 计算机综合性能指标　　D. 计算机的存储容量

2. LAN 是（　　）的英文的缩写。

A. 城域网　　B. 网络操作系统

C. 局域网　　D. 广域网

3. OSI 的中文含义是（　　）。

A. 网络通信协议　　B. 国家信息基础设施

C. 开放系统互联参考模型　　D. 公共数据通信网

4. CGA、EGA、VGA 是（　　）的性能指标。

A. 磁盘存储器　　B. 显示器

C. 总线　　D. 打印机

5. 下列叙述中，正确的一条是（　　）。

A. 存储在任何存储器中的信息，断电后都不会丢失

B. 操作系统是只对硬盘进行管理的程序

C. 硬盘装在主机箱内，因此硬盘属于主存

D. 磁盘驱动器属于外围设备

6. 按照数的进位制概念，下列各个数中正确的八进制数是（　　）。

A. 7081　　B. B03A　　C. 1109　　D. 1101

7. 按照数的进位制概念，下列各个数中正确的十六进制数是（　　）。

A. G9　　B. 9H　　C. 98　　D. 5S

8. 一个字符的标准 ASCII 码的长度是（　　）。

A. 7bits　　B. 6bits　　C. 8bits　　D. 16bits

9. 世界上公认的第一台电子计算机诞生的年代是（　　）。

A. 20 世纪 40 年代　　B. 20 世纪 90 年代

C. 20 世纪 80 年代　　D. 20 世纪 30 年代

10. 存储 1024 个 24*24 点阵的汉字字形码需要的字节数是（　　）。

A. 72KB　　B. 720B　　C. 7200B　　D. 7000B

11. 显示器的显示效果与（　　）有关。

A. 显示卡　　B. 中央处理器

C. 内存　　D. 硬盘

12. 1946 年首台电子数字计算机问世后，冯·诺依曼在研制 EDVAC 计算机时，提出两个重要的改进，它们是（　　）。

A. 采用 ASCII 编码系统　　B. 采用二进制和存储程序控制的概念

C. 采用机器语言和十六进制　　D. 引入 CPU 和内存储的概念

13. Windows 支持长文件名，文件名长度最多可达（　　）个字符。

A. 255　　B. 8　　C. 32　　D. 16

14. 根据鼠标测量位移部件的类型，可将鼠标分为（　　）。

A. 机械式和光电式　　B. 机械式和滚轮式

C. 滚轮式和光电式　　D. 手动式和光电式

15. 一个汉字含（　　）位二进制数。

A. 15　　B. 16　　C. 8　　D. 2

16. 用来控制、指挥和协调计算机各部件工作的是（　　）。

A. 运算器　　B. 鼠标器　　C. 控制器　　D. 存储器

17. 在菜单操作时，各菜单项后有用括号括起来的大写字母，表示该项可通过(　　)实现。

A. Alt+<字母>　　B. Ctrl+<字母>

C. Shift+<字母>　　D. Space+<字母>

18. Excel 是微软 Office 套装软件之一，它属于（　　）软件。

A. 电子表格　　B. 文字输入　　C. 公式计算　　D. 公式输入

19. 在 Excel 中，公式“=SUM(C2,E3:F4)”的含义是（　　）。

A. =C2+E3+E4+F3+F4　　B. =C2+F4

C. =C2+E3+F4　　D. =C2+E3

20. 当插入点在文本框中时，(　　)中的内容进行查找。

A. 既可对文本框又可对文档　　B. 只能对文档

C. 只能对文本框　　D. 不能对任何部分

二、中英文打字（共 1 题，共计 10 分）

二氧化碳排放强度要降低 3.1%以上，化学需氧量、氨氮排放都要减少 2%左右，二氧化硫、氮氧化物排放要分别减少 3%左右和 5%左右。今年新增退耕还林还草 66.7 万公顷，造林 600 万公顷。

微软的 Hadoop 发布版 HDInsight 是基于 Hortonworks Data Platform（HDP）构建的。客户能够利用熟悉的工具（如 Excel、PowerPivot for Excel 和 Power View）轻松地从数据中抽取可行的观点。

三、Windows（共 1 题，共计 5 分）

请在打开的窗口中进行下列操作。完成所有操作后，请关闭窗口。

----

1. 在文件夹“bn”内新建一个名称为“xg”的文本文档。
2. 设置文本文档“xg”的属性为“隐藏”和“存档”。
3. 将文件夹“bn”复制到文件夹“mm”内。
4. 将文件夹“mm”内的文件夹“tr”删除。

四、网络（共 2 题，共计 10 分）

第 1 题 （5 分）--

请在打开的窗口中进行下列操作。完成所有操作后，请关闭窗口。

注：试题中如果要求添加附件，请考生自己建立相应文件并附加。

为李磊发送一封工作安排的邮件：

1. 李磊邮箱地址为 lilei@163.com。
2. 同时抄送给赵总，邮箱地址为 zhaolong@yahoo.com。
3. 邮件的主题为“工作安排”，邮件内容为“见附件”。
4. 建立并添加一个“具体工作安排.docx”文档作为附件。
5. 设置邮件列表中，“显示邮件摘要”。

发完邮件并保存好参数后退出邮箱。

第 2 题 （5 分）--

请在打开的窗口中进行下列操作。完成所有操作后，请关闭窗口。

----

1. 打开主页，将其中左上角图片另存为“民族村.jpg”，保存到当前试题文件夹内。
2. 将主页添加到收藏夹“链接”目录下，名称为“昆明著名旅游景点”。
3. 打开主页中“世博园”链接页面，将该网页另存为“世博园简介.htm”，保存类型为：网页，仅 HTML(*.htm;*.html)，保存到当前试题文件夹内。

五、Word（共 1 题，共计 20 分）

请打开 Word 文档进行下列操作。完成操作后，请保存文档，并关闭 Word。

----

1. 设置标题文字“地球仍然是圆的全球化是‘平坦的’”字体为“黑体”，字形为“加粗、倾斜”，字号为“小三”，颜色为“蓝色”，对齐方式为“居中”。
2. 正文各段文字“不可否认……做任何其他事情。”字体为“宋体”，字号为“小四”。
3. 设置正文第 1 段“不可否认……美国服务性”悬挂缩进“2 字符”。
4. 设置正文第 2 段“时代的发展……依靠国家自身的努力。”首字悬挂，行数为“2

行”，距正文“25 磅”。

5. 设置正文第 3 段“全球化的程度……归咎于美国国内因素。”边框为“方框”，线型为“单实线”，宽度为“1.5 磅”，底纹填充为“绿色”，应用于“段落”。

6. 设置正文最后 1 段“《纽约时报》……其他事情。”分栏，栏数为“3 栏”，栏间添加“分隔线”。

7. 插入任意一幅剪贴画，环绕方式为“紧密型”。

8. 设置正文第 3 段“全球化的程度……归咎于美国国内因素。”下划线为“双波浪”。

六、Excel（共 1 题，共计 20 分）

请在打开的窗口中进行如下操作。操作完成后，请关闭 Excel 并保存工作簿。

---

1. 将工作表 Sheet1 的 A1:D1 单元格区域合并为一个单元格，内容水平居中；计算“学生均值”行（学生均值=贷款金额/学生人数，数值型，保留小数点后两位），将工作表命名为“助学贷款发放情况表”。

2. 选取“助学贷款发放情况表”的“班别”和“学生均值”两行的内容建立“簇状柱形图”，X 轴上的项为班别，图表标题为“助学贷款发放情况图”，插入到表的 A7:D17 单元格区域内。

七、PowerPoint（共 1 题，共计 15 分）

某公司新员工入职，需要对他们进行入职培训。为此，人事部门负责此事的小吴制作了一份入职培训的演示文稿。但人事部经理看过之后，觉得文稿整体做得不够精美，还需要再美化一下。请根据提供的“文档.pptx”文件，对制作好的文稿进行美化，具体要求如下所示：

1. 将第一张幻灯片版式设为“节标题”，并在第一张幻灯片中插入一幅人物剪贴画，调整适当位置。

2. 将演示文稿的主题设置为“波形”。

3. 为第二张幻灯片上面的文字“公司制度意识架构要求”加入超链接，链接到当前试题文件夹下的 Word 素材文件“公司制度意识架构要求.docx”。

4. 在该演示文稿中创建一个演示方案，该演示方案包含第 1.3.4 页幻灯片，并将该演示方案命名为“放映方案 1”。

5. 将第一张幻灯片切换效果设置为“擦除”，第三张幻灯片的切换效果设置为“溶解”，第四张幻灯片的切换效果设置为“涟漪”。

6. 保存演示文稿，并且再以“入职培训.pptx”为文件名另存在当前试题文件夹下一份。

“大学计算机应用基础”期末无纸化考试模拟试题 8

20××年××月××日　闭卷考试　考试时间：90 分钟

一、单项选择题（每项 1 分，20 项，共 20 分）

1. 在 Word 中，(　　) 不是段落的格式。

A. 缩进　　B. 行距　　C. 字距　　D. 段距

2. 在下列字符中，其 ASCII 码值最大的一个是（　　）。

A. Q　　B. F　　C. d　　D. 9

3. OSI 参考模型的最底层为（　　）。

A. 表示层　　B. 会话层　　C. 物理层　　D. 应用层

4. 幻灯片母版设置可以起到以下哪方面的作用。(　　)

A. 统一整套幻灯片的风格　　B. 统一标题内容

C. 统一图片内容　　D. 统一页码

5. 屏幕保护的作用是（　　）。

A. 保护用户视力　　B. 节约电能

C. 保护系统显示器　　D. 保护整个计算机系统

6. 按住（　　）键，单击“文件”菜单中的“关闭所有文件”命令，可关闭所有工作簿。

A. <Alt>　　B. <Shift>　　C. <Ctrl>　　D. <Ctrl+S>

7. 以下属于系统软件的是（　　）。

A. 公式编辑器　　B. 电子表格软件

C. 查病毒软件　　D. 语言处理系统

8. 运行应用程序时，如果内存容量不够，只有通过（　　）来解决。

A. 扩充硬盘容量

B. 增加内存

C. 把软盘由单面单密度换为双面高密度

D. 把软盘换为光盘

9. 函数 SUM(参数 1,参数 2,...)的功能是（　　）。

A. 求括号中指定各参数的总和

B. 找出括号中指定各参数中的最大值

C. 求括号中指定各参数的平均值

D. 求括号中指定各参数中具有数值类型数据的个数

10. “WWW”就是通常说的（　　）的简称。

A. 电子邮件　　B. 网络广播

C. 全球信息服务系统　　D. 网络电话

11. 计算机系统中的存储器系统是指（　　）。

A. 主存储器　　B. ROM 存储器

C. RAM 存储器　　D. 主存储器和外存储器

12. 计算机辅助教学简称（　　）。

A. CAD　　B. CAM　　C. CAI　　D. OA

13. 计算机辅助制造的简称是（　　）。

A. CAD　　B. CAM　　C. CAE　　D. CBE

14. 在 Excel 2010 中，默认保存后的工作簿格式扩展名是（　　）。

A. *.xlsx　　B. *.xls　　C. *.htm　　D. *.dox

15. 读写速度最快的存储器是（　　）。

A. 光盘　　B. 内存储器　C. 软盘　　D. 硬盘

16. Windows 的“回收站”是（　　）。

A. 内存中的一块区域　　B. 硬盘上的一块区域

C. 软盘上的一块区域　　D. 高速缓存上的一块区域

17. 把计算机分为巨型机、大中型机、小型机和微型机，本质上是按（　　）来区分的。

A. 计算机的体积　　B. CPU 的集成度

C. 计算机综合性能指标　　D. 计算机的存储容量

18. Windows 窗口式操作是为了（　　）。

A. 方便用户　　B. 提高系统可靠性

C. 提高系统的响应速度　　D. 保证用户数据信息的安全

19. 下列说法中不正确的是（　　）。

A. 单元格不能删除　　B. 单元格中的内容能删除

C. 单元格中的格式能删除　　D. 单元格的宽度能改变

20. 在 Word 2010 中，默认保存后的文档格式扩展名为（　　）。

A. *.dos　　B. *.docx

C. *.html　　D. *.txt

二、中英文打字（共 1 题，共计 10 分）

ATT 公司在新泽西州的 Newark 和纽约州的 White Plains 之间的传输光纤线路中断，导致新英格兰州与 Internet 的连接中断。新英格兰州的 7 条 ARPANET 主干网都连在一起。NSF 签订合作协议，将 NSFnet 主干网的管理权移交给 Merit 网络公司，IBM 公司和 MCI 公司又同 Merit 公司签订协议，三家共同参与管理。IBM 公司、MCI 公司、Merit 公司后来联合成立了 ANS，在 Usenix 基金的支持下建立了 UUNET，提供商业的 UUCP 服务和 USENET 服务。最初的 UUNET 实验由 Rick Adams 和 Mike ODell 完成。

三、Windows（共 1 题，共计 5 分）

请在打开的窗口中进行下列操作。完成所有操作后，请关闭窗口。

---

1. 在文件夹“bn”内新建一个名称为“xg”的文本文档。
2. 设置文本文档“xg”的属性为“隐藏”和“存档”。
3. 将文件夹“bn”复制到文件夹“mm”内。
4. 将文件夹“mm”内的文件夹“tr”删除。

四、网络（共 2 题，共计 10 分）

第 1 题 （5 分）--

请在打开的窗口中进行下列操作。完成所有操作后，请关闭窗口。

注：试题中如果要求添加附件，请考生自己建立相应文件并附加。

发送一封测试邮箱的邮件：

1. 收件人地址为 wwjt@163.com。
2. 同时抄送给小王，邮箱地址为 service@wwjt.com。
3. 邮件的主题为“测试”。
4. 邮件内容为“收到请回信”。
5. 设置邮件自动保存到“已发送”。

发完邮件并保存好参数后退出邮箱。

第 2 题 （5 分）--

请在打开的窗口中进行下列操作。完成所有操作后，请关闭窗口。

---

1. 将主页另存为“GOOGLE.htm”，保存类型为：网页，仅 HTML（*.htm; *.html），保存到当前试题文件夹内。

2. 将主页添加到收藏夹中，名称为“谷歌”。

3. 打开主页中的“资讯”链接页面，将该页面左上角图片另存为“谷歌资讯.gif”，保存到当前试题文件夹内。

五、Word（共 1 题，共计 20 分）

请打开 Word 文档，进行下列操作。完成操作后，请保存文档，并关闭 Word。

---

1. 按照要求完成下列操作并保存文档。

（1）设置纸张大小为“A4”，页边距为上、下、左、右边距各 2.5 厘米。

（2）将标题段（“春”）设置为小初号、华文楷体、加粗、居中，文本效果为：

填充-橄榄色，强调文字颜色 3，轮廓-文本 2，为标题行添加绿色阴影边框、底

纹图案样式 15%；段后间距设置为 0.8 行。

（3）将副标题（第二行）设置为仿宋、小三号、右对齐、添加字符边框、字符间距加宽 5 磅。

（4）将正文各段首行缩进 2 字符，段后间距 0.5 行，1.3 倍行距，对齐方式为：两端对齐。

（5）将正文设置为五号、宋体。

（6）将正文第二段文字（“一切都像刚睡醒的样子……太阳的脸红起来了。”）应用样式“强调”。

（7）将正文第三段（“小草偷偷地从土里钻出来，……风轻悄悄的，草软绵绵的。”）分为等宽两栏、栏间距为 3 字符、栏间加分隔线。

（8）将正文第四段（“桃树、杏树、梨树……像星星，还眨呀眨的。”）首字下沉，下沉 2 行，字体为“黑体”，距正文 0.5 厘米。

（9）将正文第五段（“‘吹面不寒杨柳风’……这时候也成天在嘹亮地响着。”）中插入图片“杨柳风.jpg”，设置图片的高度和宽度均为 5 厘米，“四周型环绕”，在该段落中的位置不限。

（10）将正文第六段（“雨是最寻常的……”）按句号分成 7 段，并给这 7 段添加项目符号“●”。

（11）将正文第八、九、十这三段合并成一个段。

（12）插入空白页眉，内容为“春”，右对齐。

（13）在页面底端插入页码普通数字 1，位置居中，起始页码为Ⅲ。

（14）将正文中所有的“春”替换为红色、加粗的“Spring”。

（15）将散文中最后一行设置为仿宋、小五号、右对齐。

2. 在散文之后继续完成以下表格的题目。

（1）在表格顶端添加一标题“江苏大学计算机科学学院学时分配表”，设置为小二号、隶书、加粗、居中。

（2）在表格的最右边增加一列，列标题为“总学分”，计算各学年的总学分（总学分=（理论教学学时+实践教学学时）/2），将计算结果填入相应单元格内。

（3）在表格的底部增加一行，行标题为“学时合计”，分别计算四年理论、实践教学总学时，将计算结果填入相应单元格内；将表格中全部内容的对齐方式设置为水平居中。

（4）以主要关键字“理论教学学时”、降序对该表中前 5 行进行排序，设置表格居中。

3. 完成上表后，继续按照要求完成下列表格操作并保存文档。

（1）在上一表格之后继续插入一个 5 行 5 列表格，设置列宽为 2.4 厘米、表格居中；设置外框线为绿色 1.5 磅单实线、内框为绿色 0.75 磅单实线。

（2）再对表格进行如下修改：在第一行第一列单元格中添加一绿色 0.75 磅单实线对角线、第 1 行与第 2 行之间的表内框线修改为绿色 0.75 磅双窄线；将第 1 列 3 至 5 行单元格合并；将第 4 列 3 至 5 行单元格平均拆分为 2 列。

六、Excel（共 1 题，共计 20 分）

请在打开的窗口中进行如下操作。操作完成后，请关闭 Excel 并保存工作簿。

在工作表 Sheet1 中完成如下操作：

1. 为 B8 单元格添加批注，批注内容为“九五级”。

2. 设置表 B ~ F 列，宽度为“12”，表 9 ~ 19 行，高度为“18”。

3. 在“奖学金”列，利用公式或函数计算每个学生奖学金总和，结果存入 F19 单元格中。

4. 设置“学生基本情况表”所在单元格的水平对齐方式为“居中”，字号为“16”，字体为“黑体”。

5. 利用“姓名”和“奖学金”列中的数据创建图表，图表标题为“奖学金情况”，图表类型为“带数据标记的折线图”并作为其中的对象插入 Sheet1。

6. 将表中的数据以“奖学金”为关键字，按升序排序。

七、PowerPoint（共 1 题，共计 15 分）

某公司新员工入职，需要对他们进行入职培训。为此，人事部门负责此事的小吴制作了一份入职培训的演示文稿。但人事部经理看过之后，觉得文稿整体做得不够精美，还需要再美化一下。请根据提供的“文档.pptx”文件，对制作好的文稿进行美化，具体要求如下所示：

1. 将第一张幻灯片版式设置为“节标题”，并在第一张幻灯片中插入一幅人物剪贴画，调整适当位置。

2. 将演示文稿的主题设置为“波形”。

3. 为第二张幻灯片上面的文字“公司制度意识架构要求”加入超链接，链接到当前试题文件夹下的 Word 素材文件“公司制度意识架构要求.docx”。

4. 在该演示文稿中创建一个演示方案，该演示方案包含第 1.3.4 页幻灯片，并将该演示方案命名为“放映方案 1”。

5. 将第一张幻灯片切换效果设置为“擦除”，第三张幻灯片的切换效果设置为“溶解”，第四张幻灯片的切换效果设置为“涟漪”。

6. 保存演示文稿，并且再以“入职培训.pptx”为文件名另存在当前试题文件夹下一份。

全国计算机等级考试一级考试模拟试题 1

一、选择题（每题 1 分，共 20 分）

1. 世界上第一台计算机的名称是（　　）。

   A. ENIAC　　B. APPLE　　C. UNIVAC-I　　D. IBM-7000

2. CAM 表示为（　　）。

   A. 计算机辅助设计　　B. 计算机辅助制造

   C. 计算机辅助教学　　D. 计算机辅助模拟

3. 与十进制数 1023 等值的十六进制数为（　　）。

   A. 3FDH　　B. 3FFH　　C. 2FDH　　D. 3FFH

4. 十进制整数 100 转换为二进制数是（　　）。

   A. 1100100　　B. 1101000　　C. 1100010　　D. 1110100

5. 16 个二进制位可表示整数的范围是（　　）。

   A. 0 ~ 65535　　B. -32768 ~ 32767

   C. -32768 ~ 32768　　D. -32768 ~ 32767 或 0 ~ 65535

6. 存储 400 个 24 × 24 点阵汉字字形所需的存储容量是（　　）。

   A. 255KB　　B. 75KB　　C. 37.5KB　　D. 28.125KB

7. 下列字符中，其 ASCII 码值最大的是（　　）。

   A. 9　　B. D　　C. a　　D. y

8. 某汉字的机内码是 B0A1H，它的国际码是（　　）。

   A. 3121H　　B. 3021H　　C. 2131H　　D. 2130H

9. 操作系统的功能是（　　）。

   A. 将源程序编译成目标程序

   B. 负责诊断机器的故障

   C. 控制和管理计算机系统的各种硬件和软件资源的使用

   D. 负责外设与主机之间的信息交换

10. 《计算机软件保护条例》中所称的计算机软件，简称软件，是指（　　）。

    A. 计算机程序　　B. 源程序和目标程序

    C. 源程序　　D. 计算机程序及其有关文档

11. 下列关于系统软件的 4 条叙述中，正确的一条是（　　）。

    A. 系统软件的核心是操作系统

    B. 系统软件是与具体硬件逻辑功能无关的软件

C. 系统软件是使用应用软件开发的软件

D. 系统软件并不具体提供人机界面

12. 以下不属于系统软件的是（　　）。

A. DOS　　B. Windows 3.2

C. Windows 98　　D. Excel

13. “针对不同专业用户的需要所编制的大量的应用程序，进而把它们逐步实现标准化、模块化所形成的解决各种典型问题的应用程序的组合”描述的是（　　）。

A. 软件包　　B. 软件集　　C. 系列软件　　D. 以上都不是

14. 下面列出的 4 种存储器中，易失性存储器是（　　）。

A. RAM　　B. ROM　　C. FROM　　D. CD-ROM

15. 计算机中对数据进行加工与处理的部件，通常称为（　　）。

A. 运算器　　B. 控制器　　C. 显示器　　D. 存储器

16. 下列 4 种设备中，属于计算机输入设备的是（　　）。

A. UPS　　B. 服务器　　C. 绘图仪　　D. 光笔

17. 一张软磁盘上存储的内容，在该盘处于什么情况时，其中数据可能丢失？（　　）

A. 放置在声音嘈杂的环境中若干天后

B. 携带通过海关的 X 射线监视仪后

C. 被携带到强磁场附近后

D. 与大量磁盘堆放在一起后

18. 以下关于病毒的描述中，不正确的说法是（　　）。

A. 对于病毒，最好的方法是采取“预防为主”的方针

B. 杀毒软件可以抵御或清除所有病毒

C. 恶意传播计算机病毒可能会是犯罪

D. 计算机病毒都是人为制造的

19. 下列关于计算机的叙述中，不正确的是（　　）。

A. 运算器主要由一个加法器、一个寄存器和控制线路组成

B. 一个字节等于 8 个二进制位

C. CPU 是计算机的核心部件

D. 磁盘存储器是一种输出设备

20. 下列关于计算机的叙述中，正确的是（　　）。

A. 存放由存储器取得指令的部件是指令计数器

B. 计算机中的各个部件依靠总线连接

C. 十六进制转换成十进制的方法是“除 16 取余法”

D. 多媒体技术的主要特点是数字化和集成性

二、基本操作题（10 分）

1. 在考生文件夹下的 tre 文件夹中新建名为 saba.txt 的新文件。

2. 将考生文件夹下的 boyable 文件夹复制到考生文件夹的 lun 文件夹中，并命名为

rlun。

3. 将考生文件夹下的 xbena 文件夹中的 produ.wri 文件的“只读”属性撤销，并设置为“隐藏”属性。

4. 为考生文件夹下的 LI\ZUG 文件夹建立名为 KZUG 的快捷方式，并存放在考生文件夹下。

5. 搜索考生文件夹中的 map.c 文件，然后将其删除。

三、字处理题（25 分）

1. 在考生文件夹下，打开文档 word1.docx，按照要求完成下列操作并以该文件名（word1.docx）保存文档。

（1）将文中所有错词“月秋”替换为“月球”；为页面添加内容为“科普”的文字水印；设置页面上、下边距各为 4 厘米。

（2）将标题段文字（“为什么铁在月球上不生锈？”）设置为小二号、红色（标准色）、黑体、居中，并为标题段文字添加绿色（标准色）阴影边框。

（3）将正文各段文字（“众所周知……不生锈了吗？”）设置为五号、仿宋；设置正文各段左右各缩进 1.5 字符、段前间距 0.5 行；设置正文第一段（“众所周知……不生锈的方法。”）首字下沉两行、距正文 0.1 厘米；其余各段落（“可是……不生锈了吗？”）首行缩进 2 字符；将正文第四段（“这件事……不生锈的方法。”）分为等宽两栏，栏间添加分隔线。

2. 在考生文件夹下，打开文档 word2.docx，按照要求完成下列操作并以该文件名（word2.docx）保存文档。

（1）将文中后 5 行文字转换成一个 5 行 3 列的表格；设置表格各列列宽为 3.5 厘米、各行行高为 0.7 厘米、表格居中；设置表格中第一行文字水平居中，其他各行第一列文字中部两端对齐，第二、三列文字中部右对齐。在“所占比值”列中的相应单元格中，按公式“所占比值=产值/总值”计算所占比值，计算结果的格式为默认格式。

（2）设置表格外框线为 1.5 磅红色（标准色）单实线、内框线为 0.5 磅蓝色（标准线）单实线；为表格添加“橄榄色，强调文字颜色 3，淡色 60%”底纹。

四、电子表格题（20 分）

1. 在考生文件夹下打开 excel.xlsx 文件，按如下要求完成操作。

（1）将 Sheet1 工作表的 A1:E1 单元格区域合并为一个单元格，内容水平居中；计算“成绩”列的内容，按成绩的降序次序计算“成绩排名”列的内容（利用 RANK.EQ 函数，降序）；将 A2:E17 数据区域设置为套用表格格式“表样式中等深浅 9”。

（2）选取“学号”列（A2:A17）和“成绩排名”列（E2:E17）数据区域的内容建立“簇状圆柱图”，图表标题为“成绩统计图”，清除图例；将图表移动到工作表的 A20:E36 单元格区域内，将工作表命名为“成绩统计表”。保存 excel.xlsx 文件。

2. 打开工作簿文件 exc.xlsx，对工作表“图书销售情况表”内数据清单的内容进行筛选，条件为第三季度社科类和少儿类图书；对筛选后的数据清单按主要关键字“销售量排名”的升序次序和次要关键字“图书类别”的升序次序进行排序，工作表名不变，保存 exc.xlsx 工作簿。

五、演示文稿题（15 分）

打开考生文件夹下的演示文稿 yswg.pptx，按照下列要求完成对此文稿的修饰并保存。

1. 全部幻灯片切换方案为“擦除”，效果选项为“自顶部”。

2. 将第一张幻灯片版式改为“两栏内容”，将考生文件夹下图片 ppt1.png 插到左侧内容区，将第三张幻灯片文本内容移动第一张幻灯片右侧内容区；设置第一张幻灯片中图片的“进入”动画效果为“形状”，效果选项为“方向-缩小”，设置文本部分的“进入”动画效果为“飞入”、效果选项为“自右上部”，动画顺序先文本后图片。将第二张幻灯片版式改为“标题和内容”，标题为“拥有领先优势，胜来自然轻松”，标题设置为“黑体”“加粗”、42 磅字，内容部分插入考生文件夹下图片 ppt2.png。在第一张幻灯片前插入版式为“标题幻灯片”的新幻灯片，主标题为“成熟技术带来无限动力!”，副标题为“让中国与世界同步”。将第二张幻灯片移为第三张幻灯片。将第一张幻灯片背景格式的渐变填充效果设置为预设颜色“雨后初晴”，类型为“路径”。删除第四张幻灯片。

六、上网题（10 分）

1. 浏览 HTTP://LOCALHOST:65531/ExamWeb/index.htm 页面，找到“笔记本资讯”的链接，单击进入子页面，并将该页面以“bjb.htm”名字保存到考生文件夹下。

2. 向学校后勤部门发一个 E-mail，对环境卫生提建议，并抄送主管副校长。具体如下：

【收件人】houqc@mail.scdx.edu.cn 【抄送】fuxz@xb.scdx.edu.cn 【主题】建议【函件内容】“建议在园区内多设立几个废电池回收箱，保护环境。”

全国计算机等级考试一级考试
模拟试题 2

一、选择题（每题 1 分，共 20 分）

1. 3.5 英寸 1.44MB 软盘片的每个扇区的容量是（　　）。

   A. 128 Bytes　　B. 256 Bytes　　C. 512 Bytes　　D. 1024 Bytes

2. 根据汉字国标 GB2312-1980 的规定，1KB 的存储容量能存储的汉字内码的个数是（　　）。

   A. 128　　B. 256　　C. 512　　D. 1024

3. 下列编码中，正确的汉字机内码是（　　）。

   A. 6EF6H　　B. FB6FH　　C. A3A3H　　D. C97CH

4. 无符号二进制整数 1000110 转换成十进制数是（　　）。

   A. 68　　B. 70　　C. 72　　D. 74

5. 字长为 6 位的无符号二进制整数最大能表示的十进制整数是（　　）。

   A. 64　　B. 63　　C. 32　　D. 31

6. 已知三个字符：a、Z 和 8，按它们的 ASCII 码值升序排序，结果是（　　）。

   A. 8, a, Z　　B. a, 8, Z　　C. a, Z, 8　　D. 8, Z, a

7. Internet 提供的最简便、快捷的通信服务称为（　　）。

   A. 文件传输（FTP）　　B. 远程登录（Telnet）

   C. 电子邮件（E-mail）　　D. 万维网（WWW）

8. 下列的英文缩写和中文名字的对照中，正确的是（　　）。

   A. WAN——广域网　　B. ISP——因特网服务程序

   C. USB——不间断电源　　D. RAM——只读存储器

9. 目前，在市场上销售的微型计算机中，标准配置的输入设备是（　　）。

   A. 软盘驱动器+CD-ROM 驱动器　　B. 鼠标器+键盘

   C. 显示器+键盘　　D. 键盘+扫描仪

10. 计算机主要技术指标通常是指（　　）。

    A. 所配备的系统软件的版本

    B. CPU 的时钟频率和运算速度、字长、存储容量

    C. 显示器的分辨率、打印机的配置

    D. 硬盘容量的大小

11. 下列各组软件中，完全属于应用软件的一组是（　　）。

    A. UNIX，WPS Office 2003，MS-DOS

B. AutoCAD，Photoshop，PowerPoint2000

C. Oracle，FORTRAN 编译系统，系统诊断程序

D. 物流管理程序，Sybase，Windows 2000

12. 下列说法中，正确的是（　　）。

A. 软盘片的容量远远小于硬盘的容量

B. 硬盘的存取速度比软盘的存取速度慢

C. 软盘是由多张盘片组成的磁盘组

D. 软盘驱动器是唯一的外部存储设备

13. 计算机技术中，英文缩写 CPU 的中文译名是（　　）。

A. 控制器　　B. 运算器　　C. 中央处理器　　D. 寄存器

14. 用“综合业务数字网”（又称“一线通”）。接入因特网的优点是上网通话两不误，它的英文缩写（　　）。

A. ADSL　　B. ISDN　　C. ISP　　D. TCP

15. 下列关于计算机病毒的叙述中，正确的是（　　）。

A. 反病毒软件可以查、杀任何种类的病毒

B. 计算机病毒发作后，将对计算机硬件造成永久性的物理损坏

C. 反病毒软件必须随着新病毒的出现而升级，提高查、杀病毒的功能

D. 感染过计算机病毒的计算机具有对该病毒的免疫性

16. 操作系统管理用户数据的单位是（　　）。

A. 扇区　　B. 文件　　C. 磁道　　D. 文件夹

17. 十进制数 111 转换成无符号二进制整数是（　　）。

A. 01100101　　B. 01101001　　C. 01100111　　D. 01101111

18. 英文缩写 CAI 的中文意思是（　　）。

A. 计算机辅助教学　　B. 计算机辅助制造

C. 计算机辅助设计　　D. 计算机辅助管理

19. 下列度量计算机存储器容量的单位中，最大的单位是（　　）。

A. KB　　B. MB　　C. Byte　　D. GB

20. 把用高级语言编写的源程序转换为可执行程序.exe，要经过的过程称为（　　）。

A. 汇编和解释　　B. 编辑和连接　　C. 编译和连接　　D. 解释和编译

二、基本操作题（10 分）

1. 在考生文件夹下 BCD\MAM 文件夹中创建名为 BOOK 的新文件夹。

2. 将考生文件夹下 ABCD 文件夹设置为“隐藏”属性。

3. 将考生文件夹下 LING 文件夹中的 QIANG.C 文件复制在同一文件夹下，文件命名为 RNEW.C。

4. 搜索考生文件夹中的 JIAN.PRG 文件，然后将其删除。

5. 为考生文件夹下的 CAO 文件夹建立名为 CAO2 的快捷方式，存放在考生文件夹下的 HUE 文件夹下。

三、字处理题（25 分）

1. 在考生文件夹下，打开文档 WORD1.DOC，按照要求完成下列操作并以该文件名（WORD1.DOC）保存文档。

（1）将文中所有错词“隐士”替换为“饮食”；在页面底端插入内置“普通数字 2”型页码，并设置页码编号为“I，II，III……”。起始页码为“V”，将负面颜色设置为橙色（标准色），页面纸张大小设置为“16 开(18.4 厘米*26 厘米)”。

（2）将标题段文字（运动员的饮食）设置为二号、黑体、居中，文本效果设置为内置“渐变填充-紫色，强调文字颜色 4，映像”样式。

（3）将正文第四段文字（游泳……糖类物质。）移到第三段文字（马拉松……绿叶菜等。）之前；设置正文各段（运动员的……绿叶菜等。）的中文为楷体、西文为 Arial 字体，设置各段落左右各缩进 1 符、段前间距 0.5 行、1.25 倍行距。设置正文第一段（“运动员……也不同。”）首行缩进 2 字符；为正文第二段至第四段（体操……绿叶菜等。）分别添加编号“1)、2)、3)……”样式的编号。

2. 在考生文件夹下，打开文档 WORD2.DOCX，按照要求完成下列操作并以该文件名（WORD2.DOCX）保存文档。

（1）将文中后 6 行文字转换为一个 6 行 5 列的表格，将表格样式设置为内置“浅色列表，强调文字颜色 2”；设置表格居中，表格中所有文字水平居中；设置表格各列列宽为 2.7 厘米、各行行高为 0.7 厘米、单元格左、右边距各为 0.25 厘米。

（2）设置表格外框线为 0.5 磅红色双窄线、内框线为 0.5 磅红色单实线；按“美国”列依据“数字”类型降序排列表格内容。

四、 电子表格题（20 分）

1. 在考生文件夹下打开 EXCEL.XLS 文件，完成以下操作：

（1）将 Sheet1 工作表的 A1:F1 单元格合并为一个单元格，内容水平居中；按统计表第 2 行中每个成绩所占比例计算“总成绩”列的内容（数值型，保留小数点后 1 位），按总成绩的降序次序计算“成绩排名”列的内容（利用 RANK.EQ）；利用条件格式将 F3:F17 区域设置为渐变填充红色数据条。

（2）选取“选手号”列（A2:A17）和“总成绩”列（E2:E17）数据区域的内容建立“簇状圆锥图”，图表标题为“竞赛成绩统计图”，图例位于底部；将图表移动到工作表的 A19：F35 单元格区域内，将工作表命名为“竞赛成绩统计表”，保存 EXCEL.XLS 文件。

2. 打开工作簿文件 EXC.XLS，对工作表“产品销售情况表”内数据清单的内容进行筛选，条件为第 1 分店和第 2 分店且销售量排名在前 15 名（请用“小于或等于”）；对筛选后的数据清单按主要关键字“销售排名”的升序次序和次要关键字“分店名称”的升序次序进行排序，工作表名不变，保存 EXC.XLS 工作簿。

五、演示文稿题（15 分）

打开考生文件夹下的演示文稿 yswg.pptx，按照下列要求完成对此文稿的修饰并保存。

1. 为整个演示文稿应用“波形”主题，全部幻灯片切换方案为“华丽型”“碎片”，效果选项为“粒子输入”，放映方式为“观众自行浏览”。

2. 将第一张幻灯片版式改为“两栏内容”，标题为“分质供水”将考生文件夹下的图片文件 ppt1.png 插到右侧内容区，设置图片的“进入”动画效果为“旋转”。将第二张幻灯片版式改为“标题和竖排文字”。在第一张幻灯片前插入版式为“标题幻灯片”，主标题为“分质供水，离我们有多远”，主标题设置为“黑体”“加粗”、45 磅字。副标题为“水龙头一开，生水可饮”，标题幻灯片背景为“绿色大理石”纹理，并隐藏背景图形。将第二张幻灯片移为第三张幻灯片。

六、上网题（10 分）

1. 浏览 http://localhost/web/juqing.htm 页面，在考生文件夹下新建文本文件“剧情介绍.txt”，将页中剧情简介部分的文字复制到文本文件“剧情介绍.txt”中并保存。将电影海报照片保存到考生文件夹下，命名为“电影海报.jpg”。

2. 接收并阅读由 xuexq@mail.neea.edu.cn 发来的 E-mail，并立即转发给王国强。王国强的 E-mail 地址为：wanggq@mail.home.net。

全国计算机等级考试一级考试模拟试题 3

一、选择题（每题 1 分，共 20 分）

1. 世界上第一台计算机诞生于哪一年？（　　）

   A. 1945 年　　B. 1956 年　　C. 1935 年　　D. 1946 年

2. 第 4 代电子计算机使用的电子元件是(　　)。

   A. 晶体管　　B. 电子管

   C. 中、小规模集成电路　　D. 大规模和超大规模集成电路

3. 二进制数 110000 转换成十六进制数是(　　)。

   A. 77　　B. D7　　C. 7　　D. 30

4. 与十进制数 4625 等值的十六进制数为(　　)。

   A. 1211　　B. 1121　　C. 1122　　D. 1221

5. 二进制数 110101 对应的十进制数是(　　)。

   A. 44　　B. 65　　C. 53　　D. 74

6. 在 24×24 点阵字库中，每个汉字的字模信息存储在多少个字节中？(　　)

   A. 24　　B. 48　　C. 72　　D. 12

7. 下列字符中，其 ASCII 码值最小的是(　　)。

   A. A　　B. a　　C. k　　D. M

8. 微型计算机中，普遍使用的字符编码是(　　)。

   A. 补码　　B. 原码　　C. ASCII 码　　D. 汉字编码

9. 网络操作系统除了具有通常操作系统的 4 大功能外，还具有的功能是(　　)。

   A. 文件传输和远程键盘操作　　B. 分时为多个用户服务

   C. 网络通信和网络资源共享　　D. 远程源程序开发

10. 为解决某一特定问题而设计的指令序列称为(　　)。

    A. 文件　　B. 语言　　C. 程序　　D. 软件

11. 下列 4 条叙述中，正确的一条是(　　)。

    A. 计算机系统是由主机、外设和系统软件组成的

    B. 计算机系统是由硬件系统和应用软件组成的

    C. 计算机系统是由硬件系统和软件系统组成的

    D. 计算机系统是由微处理器、外设和软件系统组成的

12. 两个软件都属于系统软件的是(　　)。

    A. DOS 和 Excel　　B. DOS 和 UNIX

C. UNIX 和 WPS　　D. Word 和 Linux

13. 用数据传输速率的单位是(　　)。

A. 位/秒　　B. 字长/秒　　C. 帧/秒　　D. 米/秒

14. 下列有关总线的描述，不正确的是(　　)。

A. 总线分为内部总线和外部总线　　B. 内部总线也称为片总线

C. 总线的英文表示就是 Bus　　D. 总线体现在硬件上就是计算机主板

15. 在 Windows 环境中，最常用的输入设备是(　　)。

A. 键盘　　B. 鼠标　　C. 扫描仪　　D. 手写设备

16. 下列叙述中，正确的是(　　)。

A. 计算机的体积越大，其功能越强

B. CD-ROM 的容量比硬盘的容量大

C. 存储器具有记忆功能，故其中的信息任何时候都不会丢失

D. CPU 是中央处理器的简称

17. 已知双面高密软磁盘格式化后的容量为 1.2 MB，每面有 80 个磁道，每个磁道有 15 个扇区，那么每个扇区的字节数是(　　)。

A. 256 B　　B. 512 B　　C. 1024 B　　D. 128 B

18. 下列属于计算机病毒特征的是(　　)。

A. 模糊性　　B. 高速性　　C. 传染性　　D. 危急性

19. 下列 4 条叙述中，正确的一条是(　　)。

A. 二进制正数原码的补码就是原码本身

B. 所有十进制小数都能准确地转换为有限位的二进制小数

C. 存储器中存储的信息即使断电也不会丢失

D. 汉字的机内码就是汉字的输入码

20. 下列 4 条叙述中，错误的一条是(　　)。

A. 描述计算机执行速度的单位是 MB

B. 计算机系统可靠性指标可用平均无故障运行时间来描述

C. 计算机系统从故障发生到故障修复平均所需的时间称为平均修复时间

D. 计算机系统在不改变原来已有部分的前提下，增加新的部件、新的处理能力或增加新的容量的能力，称为可扩充性

二、基本操作题（10 分）

1. 在考生文件夹下新建名为 BOOT.TXT 的新空文件。

2. 将考生文件夹下 GANG 文件夹复制到考生文件夹下的 UNIT 文件夹中。

3. 将考生文件夹下 BAOBY 文件夹设置“隐藏”属性。

4. 搜索考生文件夹中的 URBG 文件夹，然后将其删除。

5. 为考生文件夹下 WEI 文件夹建立名为 RWEI 的快捷方式，并存放在考生文件夹下的 GANG 文件夹中。

三、字处理题（25 分）

1. 在考生文件夹下，打开文档 WORD1.DOCX，按照要求完成下列操作并以该文件名（WORD1.DOCX）.保存文档。

（1）为文中所有“凤凰”一词添加着重号。设置页面纸张大小为“16 开（18.4*26 厘米）”，并为页面添加橙色（标准色）阴影边框和内容为“小 学生作文”的红色（标准色）水印。

（2）将标题段文字（“小学生作文——多漂亮的“凤凰””）设置为小二号、红色黑体、加粗、居中、并添加图案为“浅色棚架、自动”的黄色（标准色）底纹。

（3）将正文各段文字（“今天……太漂亮了！”）设置为四号宋体；首行缩进 2 字符、段前间距 0.5 行、1.25 倍行距；将正文第二段（“当我来到……多么整洁优雅的环境呀！”）分为等宽的两栏；栏间加分隔线。

2. 在考生文件夹下，打开文档 WORD2.DOCX，按照要求完成下列操作并以该文件名（WORD2.DOCX）保存文档。

（1）将文中后 6 行文字转换为一个 6 行 5 列的表格；设置表格居中，表格第 1.2 行文字水平居中，其余各行文字的第 1 列“中部两端对齐”、其余各列“中部右对齐”；设置表格各列列宽为 2.9 厘米、各行行高为 0.7 厘米；表中文字设置为五号仿宋。

（2）分别合并第 1.2 行第 1 列单元格、 第 1 行第 2.3.4 列单元格和第 1.2 行第 5 列单元格；在“合计（万台）”列的相应单元格中，计算并填入一季度该产品的合计数量；设置外框线为 0.75 磅红色（标准色）双窄线、内框线为 1 磅蓝色（标准线）单实线；设置表格第 1.2 行为“白色，背景 1 深色 25%”底纹。

四、电子表格题（20 分）

1. 打开工作簿文件 EXCEL.XLSX，完成以下操作：

（1）将工作表 Sheet1 的 A1:E1 单元格区域合并为一个单元格，内容水平居中；计算“销售额” 列的内容（销售额=销售数量*单价），计算 G4:I8 单元格区域内各种产品的销售额（利用 SUMIF 函数）、销售额的总计和所占百分比（百分比型，保留小数点后 2 位），将工作表命名为“年度产品销售情况表”。

（2）选取 G4:I7 单元格区域的“产品名称”列和“所占百分比”列单元格的内容建立“分离型三维饼图”，图表标题为“产品销售图”，移动到工作表的 A13:G28 单元格区域内。

2. 打开工作簿文件 EXC.XLSX，利用工作表“图书销售情况表”内数据清单的内容，在现有工作表的 I6:N11 单元格区域建立数据透视表，行标签为“图书类别”，列标签为“季度”，求和项为“销售额”，工作表名不变，保存 Exc.xlsx 工作簿。

五、演示文稿题（15 分）

打开考生文件夹下的演示文稿 yswg.pptx，按照下列要求完成对此文稿的修饰并保存。

1. 第二张幻灯片的版式改为“两栏内容”，将第三张幻灯片文本移到第二张幻灯片左侧内容区，右侧内容区插入考生文件夹中图片 ppt1.png，设置图片的“进入”动画效果为“飞旋”，持续时间为2秒。第一张幻灯片的版式改为“垂直排列标题与文本”，标题为“神舟十号飞船的飞行与工作”。第一张幻灯片前插入一张版式为“空白”的新幻灯片，在位置（水平：1.2厘米，自：左上角，垂直：7.1厘米，自：左上角.插入样式为“填充-蓝色，强调文字颜色6，暖色粗糙棱台”的艺术字宽度为22厘米，高度为6厘米。将第二张幻灯片移为第三张幻灯片，并删除第四张幻灯片。

2. 第一张幻灯片的背景设置为“花束”纹理；全文幻灯片切换方案设置为“华丽型”“框”，效果选项为“自底部”。

六、上网题（10分）

1. 浏览http://localhost/web/index.htm页面，将页面以“GB2312.htm”名字保存到考生文件夹中。

2. 接收并阅读由xuexq@mail.neea.edu.cn发来的E-mail，并立即回复，回复内容：“同意您的安排，我将准时出席。”

全国计算机等级考试一级考试模拟试题 4

一、选择题（每题 1 分，共 20 分）

1. CAI 表示为（　　）。
   A. 计算机辅助设计　　B. 计算机辅助制造
   C. 计算机辅助教学　　D. 计算机辅助军事
2. 计算机的应用领域可大致分为 6 个方面，下列选项中属于这几项的是（　　）。
   A. 计算机辅助教学、专家系统、人工智能
   B. 工程计算、数据结构、文字处理
   C. 实时控制、科学计算、数据处理
   D. 数值处理、人工智能、操作系统
3. 十进制数 269 转换为十六进制数为（　　）。
   A. 10E　　B. 10D　　C. 10C　　D. 10B
4. 二进制数 1010.101 对应的十进制数是（　　）。
   A. 11.33　　B. 10.625　　C. 12.755　　D. 16.75
5. 十六进制数 1A2H 对应的十进制数是（　　）。
   A. 418　　B. 308　　C. 208　　D. 578
6. 在 32×32 点阵的字形码需要多少存储空间？（　　）
   A. 32B　　B. 64B　　C. 72B　　D. 128B
7. 对于 ASCII 码在机器中的表示，下列说法正确的是（　　）。
   A. 使用 8 位二进制代码，最右边一位是 0
   B. 使用 8 位二进制代码，最右边一位是 1
   C. 使用 8 位二进制代码，最左边一位是 0
   D. 使用 8 位二进制代码，最左边一位是 1
8. 某汉字的区位码是 2534，它的国际码是（　　）。
   A. 4563H　　B. 3942H　　C. 3345H　　D. 6566H
9. 一台计算机可能会有多种多样的指令，这些指令的集合就是（　　）。
   A. 指令系统　　B. 指令集合　　C. 指令群　　D. 指令包
10. 能把汇编语言源程序翻译成目标程序的程序称为（　　）。
    A. 编译程序　　B. 解释程序　　C. 编辑程序　　D. 汇编程序
11. Intel 486 机和 Pentium II 机均属于（　　）。
    A. 32 位机　　B. 64 位机　　C. 16 位机　　D. 8 位机

12. 在计算机领域中通常用 MIPS 来描述（　　）。

A. 计算机的运算速度　　B. 计算机的可靠性

C. 计算机的运行性　　D. 计算机的可扩充性

13. MS-DOS 是一种（　　）。

A. 单用户单任务系统　　B. 单用户多任务系统

C. 多用户单任务系统　　D. 以上都不是

14. 下列设备中，既可做输入设备又可做输出设备的是（　　）。

A. 图形扫描仪　　B. 磁盘驱动器

C. 绘图仪　　D. 显示器

15. SRAM 存储器是（　　）。

A. 静态随机存储器　　B. 静态只读存储器

C. 动态随机存储器　　D. 动态只读存储器

16. 磁盘格式化时，被划分为一定数量的同心圆磁道，软盘上最外圈的磁道是（　　）。

A. 0 磁道　　B. 39 磁道　　C. 1 磁道　　D. 80 磁道

17. CRT 显示器显示西文字符时，通常一屏最多可显示（　　）。

A. 25 行、每行 80 个字符　　B. 25 行、每行 60 个字符

C. 20 行、每行 80 个字符　　D. 20 行、每行 60 个字符

18. 计算机病毒可以使整个计算机瘫痪，危害极大。计算机病毒是（　　）。

A. 一种芯片　　B. 一段特制的程序

C. 一种生物病毒　　D. 一条命令

19. 下列关于计算机的叙述中，不正确的是（　　）。

A. 软件就是程序、关联数据和文档的总和

B. <Alt>键又称为控制键

C. 断电后，信息会丢失的是 RAM

D. MIPS 是表示计算机运算速度的单位

20. 下列关于计算机的叙述中，正确的是（　　）。

A. KB 是表示存储速度的单位　　B. WPS 是一款数据库系统软件

C. 目前广泛使用的 5.25 英寸软盘　　D. 软盘和硬盘的盘片结构是相同的

二、基本操作题（10 分）

1. 将考生文件夹下 COMMAND 文件夹中的文件 REFRESH.HLP 移动到考生文件夹下 ERASE 文件夹中，并改名为 SWEAM.HLP。

2. 删除考生文件夹下 ROOM 文件夹中的文件 GED.WRI。

3. 将考生文件夹下 FOOTBAL 文件夹中的文件 SHOOT.FOR 的只读和隐藏属性取消。

4. 在考生文件夹下 FORM 文件夹中建立一个新文件夹 SHEET。

5. 将考生文件夹下 MYLEG 文件夹中的文件 WEDNES.PAS 复制到同一文件夹中，并改名为 FRIDAY.PAS。

三、字处理题（25 分）

1. 在考生文件夹下，打开文档 WORD1.DOCX，按照要求完成下列操作并以该文件名（WORD1.DOCX）保存文档。

（1）将文中所有错词“款待”替换为“宽带”；设置页面颜色为“橙色，强调文字颜色 6，淡色 80%”；插入内置“奥斯汀”型页眉，输入页眉内容“互联网发展现状”。

（2）将标题段文字（“宽带发展面临路径选择”）设置为三号、黑体、红色（标准色）、倾斜、居中并添加深蓝色（标准色）波浪下划线；将标题段设置为段后间距 1 行。

（3）设置正文各段（“近来，……都难以获益。”）首行缩进 2 字符、20 磅行距、段前间距 0.5 行。交正文第二段（“中国出现……历史机会。”）分为等宽的两栏；为正文第二段的“中国电信”一词添加超链接，链接地址为“http://www.189.cn/”。

2. 在考生文件夹下，打开文档 WORD2.DOCX，按照要求完成下列操作并以该文件名（WORD2.DOCX）保存文档。

（1）将文中后 4 行文字转换为一个 4 行 4 列的表格；设置表格居中，表格各列列宽为 2.5 厘米、各行行高为 0.7 厘米；在表格最右边增加一列，列标题为“平均成绩”，计算各考生的平均成绩，并填入相应单元内，计算结果的格式为默认格式；按“平均成绩”列依据“数字”类型降序排列表格内容。

（2）设置表格中所有文字水平居中；设置表格外框线及第 1.2 行间的内框线为 0.75 磅紫色（标准色）双窄线、其余内框线为 1 磅红色（标准色）单实线；将表格底纹设置为“红色，强调文字颜色 2，淡色 80%”。

四、电子表格题（20 分）

1. 打开工作簿文件 EXCEL.XLSX，完成以下操作：

（1）将工作表 Sheet1 的 A1:E1 单元格合并为一个单元格，内容水平居中；计算“维修件数所占比例”列（维修件数所占比例=维修件数/销售数量，百比比型，保留小数点后 20 位），利用 IF 函数给出“评价”列的信息，维修件数所点比例的数值大于 10%，在“评价”列内给出“一般”信息，否则给出“良好”信息。

（2）选取“产品型号”列和“维修件数所点比例”列单元格的内容建立“三维簇状柱形图”，图表标题为“产品维修件数所占比例图”，移动到工作表 A19:F34 单元格区域内，将工作表命名为“产品维修情况表”。

2. 打开工作簿文件 EXC.XLSX，对工作表“选修课程成绩单”内的数据清单的内容按主要关键字为“系别”的升序，次要关键字“课程名称”的升序进行排序，对排序后的数据进行分类汇总，分类字段为“系别”，汇总方式为“平均值”，汇总项为“成绩”，汇总结果显示在数据下方，工作表名不变，保存 EXC.XLSX 工作簿。

五、演示文稿题（15 分）

打开考生文件夹下的演示文稿 yswg.pptx，按照下列要求完成对此文稿的修饰并保存。

1. 使用演示文稿应用“聚合”主题；全部幻灯片的切换效果方案为“闪光”。

2. 在第一张幻灯片前插入版式为“两栏内容”的新幻灯片，标题为“具有中医药文化特色的同仁堂中医医院”，将考生文件夹下图片 PPT1.PNG 插入到右侧内容区，设置图片的“进入”动画效果为“翻转式由远及近”，将第二张幻灯片的第二段文本移到第一张幻灯片左侧内容区。第二线幻灯片改为“比较”，标题为“北京同仁堂中医医院”，将考生文件夹下图片 PPT2.PNG 插入到右侧内容区，设置左侧文本的“进入”动画效果为“飞入”，效果选项为“自左侧”。在第一张幻灯片前插入版式为“空白”的新幻灯片，在位置（水平：1.5 厘米，自：左上角，垂直：8.1 厘米，自：左上角）插入样式为“填充-红色，强调文字颜色 2，粗糙棱台”的艺术字“名店、名药、名医的同仁堂中医医院”，艺术字文字交果为“转换-跟随路径-下弯弧”，艺术字高为 3.5 厘米，宽度为 22 厘米。将第二张幻灯片移为第三张幻灯片，并删除第四张幻灯片。

六、上网题（10 分）

1. 浏览 http://localhost/web/djks/eduinfo.htm 页面，将“吴建平：IPv6 是未来 三网融合基础传输方向”页面另存到考生目录，文件名为“IPv6”，保存类型为“网页，仅HTML（*.htm；*.html）”。

2. 给你的好友张龙发送一封主题为“购书清单”的邮件，邮件内容为：“附件中为购书清单，请查收。”，同时把附件：“购书清单.docx”一起发送给对方，张龙的邮箱地址为 zhanglong@126.com。

全国计算机等级考试一级考试
模拟试题 5

一、选择题（每题 1 分，共 20 分）

1. 计算机按其性能可以分为 5 大类，即巨型机、大型机、小型机、微型机和（　　）。
   A. 工作站　　B. 超小型机　　C. 网络机　　D. 以上都不是
2. 第 3 代电子计算机使用的电子元件是（　　）。
   A. 晶体管　　B. 电子管
   C. 中、小规模集成电路　　D. 大规模和超大规模集成电路
3. 十进制数 221 用二进制数表示是（　　）。
   A. 1100001　　B. 11011101
   C. 0011001　　D. 1001011
4. 下列 4 个无符号十进制整数中，能用 8 个二进制位表示的是（　　）。
   A. 257　　B. 201　　C. 313　　D. 296
5. 计算机内部采用的数制是（　　）。
   A. 十进制　　B. 二进制　　C. 八进制　　D. 十六进制
6. 在 ASCII 码表中，按照 ASCII 码值从小到大的排列顺序是（　　）。
   A. 数字、英文大写字母、英文小写字母
   B. 数字、英文小写字母、英文大写字母
   C. 英文大写字母、英文小写字母、数字
   D. 英文小写字母、英文大写字母、数字
7. 6 位无符号的二进制数能表示的最大十进制数是（　　）。
   A. 64　　B. 63　　C. 32　　D. 31
8. 某汉字的区位码是 5448，它的国际码是（　　）。
   A. 5650H　　B. 6364H　　C. 3456H　　D. 7454H
9. 下列叙述中，正确的说法是（　　）。
   A. 编译程序、解释程序和汇编程序不是系统软件
   B. 故障诊断程序、排错程序、人事管理系统属于应用软件
   C. 操作系统、财务管理程序、系统服务程序都不是应用软件
   D. 操作系统和各种程序设计语言的处理程序都是系统软件
10. 把高级语言编写的源程序变成目标程序，需要经过（　　）。
   A. 汇编　　B. 解释　　C. 编译　　D. 编辑
11. MIPS 是表示计算机哪项性能的单位？（　　）

A. 字长　　B. 主频　　C. 运算速度　　D. 存储容量

12. 通用软件不包括下列哪一项？（　　）

A. 文字处理软件　　B. 电子表格软件

C. 专家系统　　D. 数据库系统

13. 下列有关计算机性能的描述中，不正确的是（　　）。

A. 一般而言，主频越高，速度越快

B. 内存容量越大，处理能力就越强

C. 计算机的性能好不好，主要看主频是不是高

D. 内存的存取周期也是计算机性能的一个指标

14. 微型计算机内存储器是（　　）。

A. 按二进制数编址　　B. 按字节编址

C. 按字长编址　　D. 根据微处理器不同而编址不同

15. 下列属于击打式打印机的有（　　）。

A. 喷墨打印机　　B. 针式打印机

C. 静电式打印机　　D. 激光打印机

16. 下列 4 条叙述中，正确的一条是（　　）。

A. 为了协调 CPU 与 RAM 之间的速度差间距，在 CPU 芯片中又集成了高速缓冲存储器

B. PC 在使用过程中突然断电，SRAM 中存储的信息不会丢失

C. PC 在使用过程中突然断电，DRAM 中存储的信息不会丢失

D. 外存储器中的信息可以直接被 CPU 处理

17. 微型计算机系统中，PROM 是（　　）。

A. 可读写存储器　　B. 动态随机存取存储器

C. 只读存储器　　D. 可编程只读存储器

18. 下列 4 项中，不属于计算机病毒特征的是（　　）。

A. 潜伏性　　B. 传染性　　C. 激发性　　D. 免疫性

19. 下列关于计算机的叙述中，不正确的是（　　）。

A. 高级语言编写的程序称为目标程序

B. 指令的执行是由计算机硬件实现的

C. 国际常用的 ASCII 码是 7 位 ASCII 码

D. 超级计算机又称为巨型机

20. 下列关于计算机的叙述中，不正确的是（　　）。

A. CPU 由 ALU 和 CU 组成　　B. 内存储器分为 ROM 和 RAM

C. 最常用的输出设备是鼠标　　D. 应用软件分为通用软件和专用软件

二、基本操作题（10 分）

1. 将考生文件夹下 MIRROR 文件夹中的文件 JOICE.BAS 设置为隐藏属性。
2. 将考生文件夹下的 SNOW 文件夹中的文件夹 DRIGEN 删除。

3. 将考生文件夹下 NEWFILE 文件夹中的文件 AUTUMN.FOR 复制到考生文件夹下 WSK 文件夹中，并改名为 SUMMER.FOR。

4. 在考生文件夹下 YELLOW 文件夹中建立一个新文件夹 STUDIO。

5. 将考生文件夹下 CPC 文件夹中的文件 TOKEN.DOCX 移动到考生文件夹下 STEEL 文件夹中。

三、字处理题（25 分）

1. 在考生文件夹下打开文档 WDRD1.DOCX，按照要求完成下列操作并以该件名（WDRD1.DOCX）保存文档。

（1）将文中所有“质量法”替换为“产品质量法”；设置页面纸张大小为“16 开(18.4*26 厘米)”。

（2）将标题段文字（“产品质量法实施不力地方保护仍是重大障碍”）设置为三号、楷体、蓝色（标准色）、倾斜、居中并添加黄色（标准色）底纹，将标题段设置为段后间距为 1 行；为标题段添加脚注，脚注内容为“源自新浪网”。

（3）设置正文各段落文字（“为规范……没有容身之地。”）左右各缩进 2 字符、行距为 20 磅、段前间距 0.5 行；设置正文第一段（“为规范……重大障碍。”）首字下沉 2 行，距正文 0.1 厘米；设置正文第二段（“安微……“打假”者。”）首行缩进 2 字符，并为第二段中的“安微”一词添加超链接，链接地址为“http:www.ah.gov.cn/”；为正文第三段（“大量事实 ……… 容身之地。”）添加项目符号“ • ”。

2. 在考生文件夹下打开文档 WDRD2.DOCX，按照要求完成下列操作并以该文件名（WDRD2.DOCX）保存文档。

（1）将文中的后 5 行文字转换成一个 5 行 6 列的表格，设置表格居中，表格第一行文字水平居中，其余各行文字靠下右对齐；设置表格各列列宽为 2 厘米、各行行高为 0.7 厘米。

（2）在表格的最后增加一行，其行标题为“午休”，再将“午休”两字设置为黄色（标准色）底纹；合并第 6 行第 2 至 6 列单元格；设置表格外框线为 1.5 磅红色（标准色）双窄线、内框线为 1.5 磅蓝色（标准色）单实线。

四、电子表格题（20 分）

1. 在考生文件夹下打开 EXCEL.XLSX 文件，完成以下操作：

（1）将 sheet1 工作表的 A1:D1 单元格区域合并为一个单元格，内容水平居中；计算“全年总量”行的内容（数值型，小数位数为 0)，计算“所占百分比”列的内容（所占百分比=月销售量/全年总量，百分比型，保留小数点后两位）；如果“所占百分比”列内容高于或等于 8%，在“备注”列内给出信息“良好”，否则内容为“”（一个空格）（利用 IF 函数）。利用条件格式的“图标集”“三向箭头（彩色）”修饰 C3:C14 单元格区域。

（2）选取“月份”列（A2:A14）和“所占百分比”列（C2:C14）数据区域的内容建立“带数据标记的折线图”，标题为“销售情况统计图”，清除图例；将图表移动到工作表的 A17:F33 单元格区域内，将工作表命名为“销售情况统计表”，保存 EXCEL.XLSX

文件。

2. 打开工作簿文件 exc.xlsx，对工作表“图书销售情况表”内数据清单的内容按主要关键字“季度”的升序次序和次要关键字“经销部门”的降序次序进行排序，对排序后的数据进行高级筛选（条件区域设在 A46:F47 单元格区域，将筛选条件写入条件区域的对应列上。），条件为少儿类图书且销售量排名在前二十名（请用“<=20”），工作表名不变，保存 exc.xlsx 工作簿。

五、演示文稿题（15 分）

打开考生文件夹下的演示文稿 yswg.pptx，按照下列要求完成对此文稿的修饰并保存。

（1）为整个演示文稿应用“穿越”主题。全部幻灯片切换效果为“旋转”，效果选项为“自左侧”。放映方式为“观众自行浏览”。

（2）第二张幻灯片的版式为“两栏内容”，标题为“人民币精品收藏”，将考生文件夹下图片 PPT1.PNG 插到右侧内容区，设置图片的“进入”动画效果为“轮子”，效果选项为“8 轮辐图案”。在第一张幻灯片前插入版式为“标题幻灯片”的新幻灯片，主标题为“人民币收藏”，副标题为“见证国家经济发展和人民生活改善”。在第三张幻灯片后插入版式为“标题和内容”的新幻灯片，标题为“第一套人民币价格”，内容内插入 11 行 3 列的表格，第 1 行的 1、2、3 列内容依次为“名称”“面值”和“市场参考价”，其他单元格的内容根据第二张幻灯片的内容按面值从小到大的顺序依次从上到下填写，例如第 2 行的 3 列内容依次为“壹元（工农）”“1 元”和“3200 元”。在第四张幻灯片插入备注：“第一套人民币收藏价格（2013 年 7 月 1 日北京报价）”。删除第二张幻灯片。

六、上网题（10 分）

1. 打开 http://localhost/web/djks/research.htm 页面，浏览“关于 2009 年度“高等学校博士学科点专项科研基金”联合资助课题立项的通知”页面，将附件：“2009 年度“高等学校博士学科点专项科研基金”联合资助课题清单”下载保存到考生目录，文件名为“课题清单.XLSX”。

2. 发送一封主题为“Happy new year”的电子邮件，邮件内容为：“Happy new year，李小朋”，并将贺年卡“HappyNewYear.jpg ”图片作为附件一同发送。接收邮箱地址：lxpeng88@163.com。

全国计算机等级考试一级考试模拟试题 6

一、选择题（每题 1 分，共 20 分）

1. 目前为止，微型计算机经历的几个阶段？（　　）

A. 8　　B. 7　　C. 6　　D. 5

2. 计算机辅助设计简称是（　　）。

A. CAM　　B. CAD　　C. CAT　　D. CAI

3. 二进制数 11000000 对应的十进制数是（　　）。

A. 384　　B. 192　　C. 96　　D. 320

4. 下列 4 种不同数制表示的数中，数值最大的一个是（　　）。

A. 八进制数 110　　B. 十进制数 71

C. 十六进制数 4A　　D. 二进制数 1001001

5. 为了避免混淆，十六进制数在书写时常在后面加上字母（　　）。

A. H　　B. O　　C. D　　D. B

6. 计算机用来表示存储空间大小的最基本单位是（　　）。

A. Baud　　B. bit　　C. Byte　　D. Word

7. 对应 ASCII 码表，下列有关 ASCII 码值大小关系描述正确的是（　　）。

A. "CR"<"d"<"G"　　B. "a"<"A"<"9"

C. "9"<"A"<"CR"　　D. "9"<"R"<"n"

8. 英文大写字母 D 的 ASCII 码值为 44H，英文大写字母 F 的 ASCII 码值为十进制数（　　）。

A. 46　　B. 68　　C. 70　　D. 15

9. 计算机能直接识别和执行的语言是（　　）。

A. 机器语言　　B. 高级语言　　C. 数据库语言　　D. 汇编程序

10. 以下不属于高级语言的有（　　）。

A. FORTRAN　　B. Pascal　　C. C　　D. UNIX

11. 在购买计算机时，“PentiumⅡ300”中的 300 是指（　　）。

A. CPU 的时钟频率　　B. 总线频率

C. 运算速度　　D. 总线宽度

12. 下列 4 种软件中属于系统软件的是（　　）。

A. Word 2000　　B. UCDOS 系统

C. 财务管理系统　　D. 豪杰超级解霸

13. 目前，比较流行的 UNIX 系统属于哪一类操作系统？（　　）

A. 网络操作系统　　B. 分时操作系统

C. 批处理操作系统　　D. 实时操作系统

14. 具有多媒体功能的微型计算机系统中，常用的 CD-ROM 是（　　）。

A. 只读型大容量软盘　　B. 只读型光盘

C. 只读型硬盘　　D. 半导体只读存储器

15. 微型计算机硬件系统中最核心的部件是（　　）。

A. 主板　　B. CPU　　C. 内存储器　　D. I/O 设备

16. 目前常用的 3.5 英寸软盘角上有一带黑滑块的小方口，当小方口被关闭时，作用是（　　）。

A. 只能读不能写　　B. 能读又能写

C. 禁止读也禁止写　　D. 能写但不能读

17. 微型计算机中，ROM 是（　　）。

A. 顺序存储器　　B. 高速缓冲存储器

C. 随机存储器　　D. 只读存储器

18. 下列比较著名的国外杀毒软件是（　　）。

A. 瑞星杀毒　　B. KV3000　　C. 金山毒霸　　D. 诺顿

19. 下列关于汉字编码的叙述中，不正确的是（　　）。

A. 汉字信息交换码就是国际码　　B. 2 个字节存储 1 个国际码

C. 汉字的机内码就是区位码　　D. 汉字的内码常用 2 个字节存储

20. 下列关于计算机的叙述中，不正确的是（　　）。

A. 硬件系统由主机和外部设备组成

B. 计算机病毒最常用的传播途径就是网络

C. 汉字的地址码就是汉字库

D. 汉字的内码也称为字模

二、基本操作题（10 分）

1. 将考生文件夹下 SEVEN 文件夹中的文件 SIXTY.WAV 删除。

2. 在考生文件夹下 WONDFUL 文件夹中建立一个新文件夹 ICELAND。

3. 将考生文件夹下 SPEAK 文件夹中的文件 REMOVE.XLSX 移动到考生文件夹下 TALK 文件夹中，并改名为 ANSWER.XLSX 。

4. 将考生文件夹下 STREET 文件夹中的文件 AVENUE.OBJ 复制到考生文件夹下 TIGER 文件夹中。

5. 将考生文件夹下 MEAN 文件夹中的文件 REDHOUSE.BAS 设置为隐藏属性。

三、字处理题（25 分）

1. 在考生文件夹下，打开文档 WORD1.DOCX，按照要求完成下列操作并以该文件名（WORD1.DOCX）保存文档。

（1）将标题段（“分析：超越 Linux、Windows 之争”）的所有文字设置为三号、黄色（标准色）、加粗、居中并添加蓝色（标准色）底纹，其中的英文文字设置为 Batang 字体、中文文字设置为黑体。

（2）将正文各段文字（“对于微软官员……，它就难于反映在统计数据中。”）设置为小四号楷体，首行缩进 2 字符，段前间距 1 行。为页面添加内容为“开放的时代”的文字水印。

（3）将正文第一段（“对于微软官员，……人们应该持一个怀疑的态度。”）左右各缩进 5 字符，悬挂缩进 2 字符，行距 18 磅；将正文第三段（“同时，……对软件的控制并产生收入。”）分为等宽的两栏，设置栏宽为 18 字符。

2. 在考生文件夹下，打开文档 WORD2.DOCX，按照要求完成下列操作并以该文件名（WORD2.DOCX ）保存文档。

（1）在表格的最右边增加一列，列标题为“总学分”，计算各学年的总学分（总学分=（理论教学学时+实践教学学时）/2），将计算结果填入相应单元格内。

（2）在表格的底部增加一行，行标题为“学时合计”，分别计算四年理论、实践教学总学时，将计算结果填入相应单元格内，将表格中全部内容的对齐方式设置为水平居中。

四、电子表格题（20 分）

1. 在考生文件夹下打开 EXCEL.XLSX 文件，完成以下操作：

（1）将 Sheet1 工作表的 A1:F1 单元格区域合并为一个单元格，文字居中对齐；计算“同比增长”行内容（同比增长=（08 年销售值-07 年销售值）/07 年销售值，百分比型，保留小数点后 2 位），计算“年最高值”列的内容（利用 MAX 函数，置 F3 和 F4 单元格内）；将 A2:F5 数据区域设置为自动套用格式“表样式浅色 5”（取消筛选）。

（2）选取“季度”行（A2:E2）和“同比增长”行（A5:E5）数据区域的内容建立“簇状柱形图”，图表标题在图表上方，图表标题为“销售同比增长统计图”，清除图例；将图表移动到工作表 A7:F17 单元格区域，将工作表命名为“销售情况统计表”，保存 EXCEL.XLSX 工作簿。

2. 打开工作簿文件 EXC.XLSX，对工作表“产品销售情况表”内数据清单的内容按主要关键字“季度”的升序次序和次要关键字“产品型号”的降序次序进行排序，完成对各季度销售额总和的分类汇总。汇总结果显示在数据下方，工作表名不变，保存 EXC.XLSX 工作簿。

五、演示文稿题（15 分）

打开考生文件夹下的演示文稿 yswg.pptx，按照下列要求完成对此文稿的修饰并保存。

1. 为整个演示文稿应用“凤舞九天”主题，全部幻灯片切换为“华丽型”“库”，效果选项为“自左侧”。

2. 在第二张幻灯片前插入版式为“比较”的新幻灯片，主标题为“舍小家为大家，为群众提排忧解难”，将考生文件夹下图片 PPT1.PNG 插到左侧内容区，将考生文件夹下图片 PPT2.PNG 插到右侧内容区，左右侧两图片动画效果均设置为“进入”“翻转式由远及近”，将第三张幻灯片的第四段文本移到第二张幻灯片左侧内容区上方的小标题区，而第二张幻灯片右侧内容区上方的小标题内容为第三张幻灯片的第一段文本。第一张幻灯片的版式改为“垂直排列标题与文本”。在第一张幻灯片前插入版式为“空白”的新幻灯片，在位置（水平：3.8 厘米，自：左上角，垂直：6.9 厘米，自：左上角）插入样式为“填充-白色，投影”的艺术字“揉情民警‘老魏哥’”，艺术字文字效果为“转换-弯曲-波形 1”，艺术字高为 4 厘米。第一张幻灯片的背景为“胡桃”纹理。删除第四张幻灯片。

六、上网题（10 分）

1. 浏览 http://localhost/web/djks/mobile.htm 页面，在考生目录下新建文本文件“E63.txt”，将页面中文字介绍部分复制到“E63.txt”中并保存。将页面上的手机图片另存到考生目录，文件名为“E63”，保存类型为“JPEG(*.JPG)”。

2. 接收并阅读来自“zhangqiang@sohu.com”的邮件，主题为：网络游侠。回复邮件，并抄送给 xiaoli@hotmail.com。邮件内容为：游戏确实不错，值得一试，保持联系。

全国计算机等级考试一级考试
模拟试题 7

一、选择题（每题 1 分，共 20 分）

1. 与高级语言相比，汇编语言编写的程序通常（　　）。

A. 执行效率更高　　B. 更短

C. 可读性更好　　D. 移植性更好

2. 若网络的各个节点通过中继器连接成一个闭合环路，则称这种拓扑结构称为（　　）。

A. 总线状拓扑　　B. 星状拓扑

C. 树状拓扑　　D. 环状拓扑

3. 下列各软件中，不是系统软件的是（　　）。

A. 操作系统　　B. 语言处理系统

C. 指挥信息系统　　D. 数据库管理系统

4. 下列说法中错误的是（　　）。

A. 汇编语言是一种依赖于计算机的低级程序设计语言

B. 计算机可以直接执行机器语言程序

C. 高级语言通常都具有执行效率高的特点

D. 为提高开发效率，开发软件时应尽量采用高级语言

5. 一个字长为 6 位的无符号二进制数能表示的十进制数值范围是（　　）。

A. 0 ~ 64　　B. 0 ~ 63　　C. 1 ~ 64　　D. 1 ~ 63

6. Internet 实现了分布在世界各地的各类网络的互联，其最基础和核心的协议是（　　）。

A. HTFP　　B. TCP/IP　　C. HTML　　D. FTP

7. 下列设备组中，完全属于输入设备的一组是（　　）。

A. CD-ROM 驱动器、键盘、显示器

B. 绘图仪、键盘、鼠标器

C. 键盘、鼠标器、扫描仪

D. 打印机、硬盘、条码阅读器

8. 度量计算机运算速度常用的单位是（　　）。

A. MIPS　　B. MHz　　C. MB　　D. Mbps

9. 在计算机内部用来传送、存储、加工处理的数据或指令所采用的形式是（　　）。

A. 十进制码　　B. 二进制码　　C. 八进制码　　D. 十六进制码

10. 以下关于编译程序的说法中正确的是（　　）。

A. 编译程序直接生成可执行文件

B. 编译程序直接执行源程序

C. 编译程序完成高级语言程序到低级语言程序的等价翻译

D. 各种编译程序构造都比较复杂，所以执行效率高

11. 以下程序设计语言是低级语言的是（　　）。

A. FORTRAN 语言　　B. Java 语言

C. Visual Basic 语言　　D. 80X86 汇编语言

12. 在计算机指令中，规定其所执行操作功能的部分称为（　　）。

A. 地址码　　B. 源操作数　　C. 操作数　　D. 操作码

13. “千兆以太网”通常是一种高速局域网，其网络数据传输速率大约为（　　）。

A. 1000 位/秒　　B. 1000000000 位/秒

C. 1000 字节/秒　　D. 1000000 字节/秒

14. CPU 的中文名称是（　　）。

A. 控制器　　B. 不间断电源

C. 算术逻辑部件　　D. 中央处理器

15. 十进制数 60 转换成二进制数是（　　）。

A. 0111010　　B. 0111110　　C. 0111100　　D. 0111101

16. Modem 是计算机通过电话线接入 Internet 时所必需的硬件，它的功能是（　　）。

A. 只将数字信号转换为模拟信号

B. 只将模拟信号转换为数字信号

C. 为了在上网的同时能打电话

D. 将模拟信号和数字信号互相转换

17. 用 C 语言编写的程序被称为（　　）。

A. 可执行程序　　B. 源程序　　C. 目标程序　　D. 编译程序

18. 微型计算机的硬件系统中最核心的部件是（　　）。

A. 内存储器　　B. 输入/输出设备

C. CPU　　D. 硬盘

19. 下列说法中正确的是（　　）。

A. 与汇编译方式执行程序相比，解释方式执行程序的效率更高

B. 与汇编语言相比，高级语言程序的执行效率更高

C. 与机器语言相比，汇编语言的可读性更差

D. 以上三项都不对

20. 静态 RAM 的特点是（　　）。

A. 在不断电的条件下，信息在静态 RAM 中保持不变，故而不必定期刷新就能永久保存信息

B. 在不断电的条件下，信息在静态 RAM 中不能永久无条件保持，必须定期刷新才不致丢失信息

C. 在静态 RAM 中的信息只能读不能写

D. 在静态 RAM 中的信息断电后也不会丢失

二、基本操作题（10 分）

1. 将考生文件夹下 SUCCESS 文件夹中的文件 ATEND.DOCX 设置为隐藏属性。

2. 将考生文件夹下 PAINT 文件夹中的文件 USER.TXT 移动到考生文件夹下 JINK 文件夹中，并改名为 TALK.TXT。

3. 在考生文件夹下 TJTV 文件夹中建立一个新文件夹 KUNT 。

4. 将考生文件夹下 REMOTE 文件夹中的文件 BBS.FOR 复制到考生文件夹下 LOCAL 文件夹中。

5. 将考生文件夹下 MAULYH 文件夹中的文件夹 BADBOY 删除。

三、字处理题（25 分）

1. 在考生文件夹下，打开文档 WORD1.DOCX，按照要求完成下列操作并以该文件名（WORD1.DOCX）保存文档。

（1）将标题段文字（“搜狐荣登 Netvalue 五月测评榜首”）设置为小三号宋体、红色、加下划线、居中并添加蓝色（标准色）底纹，文本效果为：渐变填充-黑色，轮廓-白色，外部阴影；段后间距设置为 1 行。

（2）将正文各段中（“总部设在欧洲的……第一中文门户网站的地位。”）所有英文文字设置为 TimesNewRoman 字体、 中文字体设置为仿宋，所有文字及符号设置为小四号；首行缩进 2 字符，行距为 2 倍行距。

（3）将正文第二段（“Netvalue 的综合排名是建立在……六项指标的基础之上”）与第三段（“在 Netvalue5 月针对中国大陆……，名列第一。”）合并，将合并后的段落分为等宽的两栏，设置栏宽为 18 字符，栏间加分隔线。

2. 在考生文件夹下，打开文档 WORD2.DOCX，按照要求完成下列操作并以该文件名（WORD2.DOCX）保存文档。

（1）将文档中所提供的文字转换为一个 6 行 3 列的表格，再将表格内容设置成“中部右对齐”；设置表格各行列宽为 3 厘米。

（2）表格样式采用内置样式“浅色列表-强调文字颜色 2”，再将表格内容按“商品单价（元）”的递减次序进行排序。

四、电子表格题（20 分）

1. 打开工作簿文件 EXCEL.XLSX 文件，完成以下操作：

（1）将工作表 Sheet1 的 A1:F1 单元格区域合并为一个单元格，文字水平居中，计算“合计”列的内容，将工作表命名为“家用电器销售数量情况表”。

（2）选取“家用电器销售情况表”A2:E6 的单元格区域，建立“折线图”，图标标题为“家用电器销售数量情况图”，在底部显示图例，移动到工作表的 A7:F18 单元格域内。

2. 打开工作簿文件 EXC.XLSX，对工作表“图书销售情况表”内数据清单的内容按主要关键字“经销部门”的升序次序和次关键字“销售额（元）”的降序次序进行排序，对排序后的数据进行筛选，条件为“经销部门”为第 1 分部，且销售额大于 15000 元以上的，工作表名不变，保存为 EXC.XLSX 工作簿。

五、演示文稿题（15 分）

打开考生文件夹下的演示文稿 yswg.pptx，按下列要求完成对此文稿的修饰并保存。

1. 全部幻灯片切换方案为“华丽型”“溶解”。

2. 将第二张幻灯片版式改为“两栏内容”，标题为“尼斯湖水怪”，将考生文件夹下图片 PPT2.JPG 插到右侧内容区，设置图片的“进入”动画效果为“形状”，效果选项为“形状-菱形”，设置文本部分的“进入”动画效果为“飞入”、效果选项为“自左上部”，动画顺序先文本后图片。在第二张幻灯片前插入版式为“内容与标题”的新幻灯片，标题为“尼斯湖水怪真相大白”,将第一张幻灯片的文本全部移到第二张幻灯片的文本部分，且文本设置为 28 磅字，右侧内容区插入考生文件夹下图片 PPT1.JPG。在第一张幻灯片前插入版式为“标题幻灯片”的新幻灯片，主标题为“尼斯湖水怪”，副标题为“迄今为止最清晰的尼斯湖水怪照片”，主标题字体设置为“华文彩云”“加粗”、56 磅字，红色（RGB 模式，红色：243，绿色:1，蓝色:2），字符间距加宽 5 磅。将第一张幻灯片背景格式的渐变填充效果设置为预设颜色“雨后初晴”，类型为“矩形”。将第四张幻灯片移为第三张幻灯片。删除第二张幻灯片。

六、上网题（10 分）

1. 浏览 http://localhost/web/djks/CarIntro.htm 页面，找到“查看更多汽车品牌标志”链接，打开并浏览该页面，并为该页面创建桌面快捷方式，然后将该页面的桌面快捷方式保存到考生目录下，并删除桌面快捷方式。

2. 接收并阅读来自朋友小赵的邮件（zhaoyu@sohu.com），主题为“生日快乐”。将邮件中的附件“生日贺卡.jpg”保存到考生目录下，并回复该邮件，回复内容为：贺卡已收到，谢谢你的祝福，也祝你天天幸福快乐！

全国计算机等级考试一级考试模拟试题 8

一、选择题（每题 1 分，共 20 分）

1. 面向对象的程序设计语言是（　　）。
   A. 汇编语言　　B. 机器语言　　C. 高级程序语言　　D. 形式语言
2. 计算机网络的主要目标是实现（　　）。
   A. 数据处理和网络游戏　　B. 文献检索和网上聊天
   C. 快速通信和资源共享　　D. 共享文件和收发邮件
3. 以下名称是手机中的常用软件，属于系统软件的是(　　)。
   A. 手机 QQ　　B. Android　　C. Skype　　D. 微信
4. 下列说法中正确的是（　　）。
   A. 编译程序的功能是将高级语言源程序编译成目标程序
   B. 解释程序的功能是解释执行汇编语言程序
   C. Intel 8086 指令不能在 Intel P4 上执行
   D. C++语言和 Basic 语言都是高级语言，因此它们的执行效率相同
5. 下列各项中，正确的电子邮箱地址是（　　）。
   A. L202@sina.com　　B. TT202#yahoo.com
   C. A112.256.23.8　　D. K201yahoo.com.E11
6. 汉字国标码（GB2312—1980）把汉字分成（　　）。
   A. 简化字和繁体字两个等级
   B. 一级汉字，二级汉字和三级汉字三个等级
   C. 一级常用汉字，二级次常用汉字两个等级
   D. 常用字，次常用字，罕见字三个等级
7. 微机上广泛使用的 Windows 是（　　）。
   A. 多任务操作系统　　B. 单任务操作系统
   C. 实时操作系统　　D. 批处理操作系统
8. 操作系统中的文件管理系统为用户提供的功能是（　　）。
   A. 按文件作者存取文件　　B. 按文件名管理文件
   C. 按文件创建日期存取文件　　D. 按文件大小存取文件
9. 计算机网络最突出的优点是（　　）。
   A. 资源共享和快速传输信息　　B. 高精度计算和收发邮件
   C. 运算速度快和快速传输信息　　D. 存储容量大和高精度

10. 计算机字长是（　　）。

A. 处理器处理数据的宽度　　B. 存储一个字符的位数

C. 屏幕一行显示字符的个数　　D. 存储一个汉字的位数

11. 影响一台计算机性能的关键部件是（　　）。

A. CD-ROM　　B. 硬盘　　C. CPU　　D. 显示器

12. 移动硬盘与 U 盘相比，最大的优势是（　　）。

A. 容量大　　B. 速度快　　C. 安全性高　　D. 兼容性好

13. 在下列字符中，其 ASCII 码值最大的一个是（　　）。

A. Z　　B. 9　　C. 空格字符　　D. a

14. 下列说法中，正确的是（　　）。

A. 只要将高级程序语言编写的源程序文件（如 try.e）的扩展名更改为.exe，则它就成为可执行文件了

B. 高档计算机可以直接执行用高级程序语言编写的程序

C. 高级语言源程序只有经过编译和链接后才能成为可执行程序

D. 用高级程序语言编写的程序可移植性和可读性都很差

15. 下列各组软件中，属于应用软件的一组是（　　）。

A. Windows XP 和管理信息系统　　B. UNIX 和文字处理程序

C. Linux 和视频播放系统　　D. office 2003 和军事指挥程序

16. 存储一个 48×48 点阵的汉字字形码需要的字节个数是（　　）

A. 384　　B. 288　　C. 256　　D. 144

17. CPU 主要技术性能指标有（　　）。

A. 字长、运算速度和时钟主频　　B. 可靠性和精度

C. 耗电量和效率　　D. 冷却效率

18. 下列不是度量计算机存储器容量的单位是（　　）。

A. KB　　B. MB　　C. GHz　　D. GB

19. 为了防止计算机病毒的传染，应该做到（　　）。

A. 不要拷贝来历不明的软盘上的程序

B. 对长期不用的软盘要经常格式化

C. 对软盘上的文件要经常重新拷贝

D. 不要把无病毒的软盘与来历不明的软盘放在一起

20. 下列关于计算机的叙述中，不正确的是（　　）。

A. “裸机”就是没有机箱的计算机

B. 所有计算机都是由硬件和软件组成的

C. 计算机的存储容量越大，处理能力就越强

D. 各种高级语言的翻译程序都属于系

二、基本操作题（10 分）

1. 将考生文件夹下 SMOKE 文件夹中的文件 DRAIN.FOR 复制到考生文件夹下 HIFI

文件夹中，并改名为 STONE.FOR。

2. 将考生文件夹下 MATER 文件夹中的文件 INTER.GIF 删除。

3. 将考生文件夹下的文件夹 DOWN 移动到考生文件夹下 MORN 文件夹中。

4. 在考生文件夹下 LIVE 文件夹中建立一个新文件夹 VCD。

5. 将考生文件夹下 SOLID 文件夹中的文件 PROOF.PAS 设置为隐藏属性。

三、字处理题（25 分）

对考生文件夹下 WORD.DOCX 文档中的文字进行编辑、排版和保存，具体要求如下：

1. 在页面底端（页脚）居中位置插入形状为“带状物”的页码，起始页码设置为“4”。

2. 将标题段文字（“深海通信技术”）设置为红色、黑体、加粗，文字效果设为发光（红色、11pt 发光，强调文字颜色 2）。

3. 设置正文前四段“潜艇在深水中……对深潜潜艇发信。”左右各缩进 1.5 字符，行距为固定值 18 磅，将该四段中所有中文字符设置为“宋体”、西文字符设置为“Arial”字体。

4. 将文中后 13 行文字转换成一个 13 行 5 列的表格，并以“根据内容调整表格”选项自动调整表格，设置表格居中，表格所有文字水平居中。

5. 设置表格所有框线为 1 磅蓝色（标准色）单实线，设置表格所有单元格上、下边距各为 0.1 厘米。

四、电子表格题（20 分）

1. 在考生文件夹下打开 EXCEL.XLSX 文件，完成下列操作：

（1）将 Sheet1 工作表的 A1:F1 单元格区域合并为一个单元格，文字水平居中对齐；计算总计行的内容和季度平均值列的内容，季度平均值单元格格式的数字分类为数值（小数位数为 2），将工作表命名为“销售数量情况表”。

（2）选取“销售数量情况表”的 A2:E5 单元格区域内容，建立“饼图”，标题为“销售数量情况图”，靠上显示图例，再将图移致动到工作表的 A8:F20 单元格区域内。

2. 打开工作簿文件 EXC.XLSX，对工作表“图书销售情况表”内数据清单的内容进行自动筛选，条件为第三季度社科类和少儿类图书；对筛选后的数据清单按主要关键字“销售量排名”的升序次序和次要关键字“图书类别”的升序次序进行排序，工作表名不变，保存 EXC.XLSX 工作簿。

五、演示文稿题（15 分）

打开考生文件夹下的演示文稿 yswg.pptx，按下列要求完成对此文稿的修饰并保存。

1. 为整个演示文稿应用“流畅”主题，全部幻灯片的切换效果方案为“随机线条”，效果选项为“水平”。

2. 第二张幻灯片版式改为“两栏内容”，标题为“雅安市芦山县发生 7.0 级地震”，将考生文件夹下图片 PPTI.PNG 插到右侧内容区。第一张幻灯片的版式改为“比较”，主标题为“过家门成不入”右侧插入考生文件夹下图片 PPT2.PNG，设置图片的“强调”

动画效果为“放大/缩小”，效果选项为“数量-巨大”。在第一张幻灯片前插入版式为“空白”的新幻灯片，在位置（水平：4.5 厘米，自：左上角，垂直：7.3 厘米，自：左上角）插入样式为“填充-青绿，强调文字颜色 2，粗糙棱台”的艺术字“英雄消防员——何伟”，艺术字文字效果为“转换-弯曲-双波形 1”，艺术字高为 4.2 厘米。第一张幻灯片的背景为“紫色网络”纹理。将第二张幻灯片移为第三张幻灯片。

六、上网题（10 分）

1. 浏览 http://localhost/web/djks/search.htm 页面，在考生目录下新建文本文件“乐Phone.txt”，将页面中文字介绍联想乐 Phone 部分复制到“乐 Phone.txt”中并保存。将页面上的相应的手机图片另存到考生目录，文件名为“乐 Phone”，保存类型为“JPEG(*.JPG)”。

2. 接收来自班主任的邮件，主题为“毕业 20 年聚会通知”。将老师邮件转发给同学小张：xiaozhang@163.com；小刘 xiaoliu@sohu.com；小赵：xiaozhao@126.com，并在正文内容中加上：“现将班主任的邮件转发给你们，具体事宜可联系我或直接联系老师，收到请回复！”。

附录A　单项选择题答案

第1章　计算机基础知识

1	2	3	4	5	6	7	8	9	10
A	B	C	C	A	A	C	D	C	A
11	12	13	14	15	16	17	18	19	20
C	C	C	C	C	B	C	B	C	C
21	22	23	24	25	26	27	28	29	30
B	A	A	A	C	D	C	D	A	B
31	32	33	34	35	36	37	38	39	40
D	A	A	C	C	C	A	D	D	C
41	42	43	44	45	46	47	48	49	50
D	C	A	A	A	D	A	B	D	D
51	52	53	54	55	56	57	58	59	60
D	C	B	D	A	A	B	A	D	A
61	62	63	64	65	66	67	68	69	70
D	C	A	D	B	D	D	A	D	A
71	72	73	74	75	76	77	78	79	80
A	A	D	B	D	A	D	B	A	B
81	82	83	84	85	86	87	88	89	90
B	B	D	D	B	C	C	D	B	A
91	92	93	94	95	96	97	98	99	100
C	B	A	A	A	A	A	D	D	C
101	102	103	104	105	106	107	108	109	110
B	D	C	D	B	B	A	C	C	C
111	112	113	114	115	116				
D	B	D	D	D	D				

第2章　计算机系统

1	2	3	4	5	6	7	8	9	10
C	D	B	A	B	C	A	A	A	A
11	12	13	14	15	16	17	18	19	20
A	D	A	A	B	D	C	D	C	B
21	22	23	24	25	26	27	28	29	30
C	B	A	B	C	D	D	B	D	C

续表

31	32	33	34	35	36	37	38	39	40
A	B	D	A	C	A	D	C	D	A
41	42	43	44	45	46	47	48	49	50
D	A	B	C	C	B	A	D	B	D
51	52	53	54	55	56	57	58	59	60
A	A	D	B	B	C	B	B	B	D
61	62	63	64	65	66	67	68	69	70
D	D	D	B	B	D	A	A	D	A
71	72	73	74	75	76	77	78	79	80
D	D	B	D	C	A	C	D	A	C
81	82	83	84	85	86	87	88	89	90
C	C	D	B	B	A	B	B	B	B
91	92	93	94	95	96	97	98	99	100
A	B	C	D	B	B	D	C	B	D
101	102	103	104	105	106	107	108	109	110
B	D	B	C	A	B	D	D	A	D
111	112	113	114	115	116	117	118	119	120
A	D	A	B	C	B	A	A	B	A
121	122	123	124	125	126	127	128	129	130
B	A	D	A	B	B	B	B	D	C
131	132	133	134	135	136	137	138	139	140
C	C	C	B	C	D	A	B	C	D
141	142								
A	A								

第 3 章　文件处理软件 Word 2010

1	2	3	4	5	6	7	8	9	10
C	A	C	C	C	B	B	A	D	B
11	12	13	14	15	16	17	18	19	20
D	C	A	A	B	C	B	B	A	A
21	22	23	24	25	26	27	28	29	30
A	C	C	D	A	C	C	A	C	C
31	32	33	34	35	36	37	38	39	40
B	A	C	A	D	C	B	A	A	D
41	42	43	44	45	46	47	48	49	50
A	B	A	D	C	C	C	C	A	D
51	52	53	54	55	56	57	58	59	60
B	D	B	C	A	A	D	B	A	D
61	62	63	64	65	66	67	68	69	70
D	A	A	C	A	D	C	D	B	A
71	72	73	74	75	76	77	78	79	80
D	B	B	C	B	C	A	C	D	B

续表

81	82	83	84	85	86	87	88	89	90
A	C	A	A	A	A	D	C	B	A
91	92	93	94	95	96	97	98	99	100
A	A	D	A	A	A	D	D	A	C
101	102	103	104	105	106	107	108	109	110
B	D	D	C	A	B	C	B	D	D
111	112								
C	C								

第 4 章　电子表格处理软件 Excel 2010

1	2	3	4	5	6	7	8	9	10
D	D	A	C	B	D	C	C	D	B
11	12	13	14	15	16	17	18	19	20
A	A	C	B	D	B	D	C	A	B
21	22	23	24	25	26	27	28	29	30
C	A	A	B	C	B	A	A	A	D
31	32	33	34	35	36	37	38	39	40
C	C	C	C	B	A	B	B	B	B
41	42	43	44	45	46	47	48	49	50
D	C	D	D	A	B	A	B	C	A
51	52	53	54	55	56	57	58	59	60
C	B	D	A	A	A	D	B	C	C
61	62	63	64	65	66	67	68	69	70
C	D	B	C	C	B	A	D	A	A
71	72	73	74	75	76	77	78	79	80
D	A	A	B	A	B	C	D	A	B
81	82	83	84	85	86	87	88	89	90
A	B	D	C	B	D	A	B	B	C
91	92	93	94	95	96	97	98	99	100
C	C	B	D	A	D	B	B	A	A
101	102	103	104						
A	A	A	D						

第 5 章　演示文稿制作软件 PowerPoint 2010

1	2	3	4	5	6	7	8	9	10
D	D	C	C	D	C	C	B	D	D
11	12	13	14	15	16	17	18	19	20
C	B	A	B	B	D	D	B	B	C
21	22	23	24	25	26	27	28	29	30
A	B	A	A	D	D	C	D	C	B
31	32	33	34	35	36	37	38	39	40
D	C	B	C	B	C	B	A	B	D
41									
D									

第 6 章　网络基础及 Internet 应用

1	2	3	4	5	6	7	8	9	10
D	A	D	D	D	D	D	B	C	C
11	12	13	14	15	16	17	18	19	20
B	D	D	C	C	C	C	C	A	D
21	22	23	24	25	26	27	28	29	30
A	A	C	D	C	D	B	C	A	C
31	32	33	34	35	36	37	38	39	40
B	A	A	A	A	D	C	B	D	D
41	42	43	44	45	46	47	48	49	50
C	C	B	C	C	D	A	C	B	C
51	52	53	54	55	56	57	58	59	60
A	D	A	D	D	A	A	C	D	C
61	62	63	64	65	66	67	68	69	70
B	D	B	B	B	B	C	B	C	A
71	72	73	74	75	76	77	78	79	80
D	A	A	C	A	A	D	B	B	B
81	82	83	84	85	86	87	88	89	90
B	A	A	C	B	D	D	B	D	B
91	92	93	94	95	96	97	98	99	100
C	D	D	A	B	C	C	B	C	D
101	102	103	104	105	106	107	108	109	110
D	C	A	A	A	A	B	B	A	D
111	112	113	114	115	116	117	118	119	120
B	C	B	C	B	C	D	D	B	D
121	122	123	124	125	126	127			
C	B	C	D	C	B	B			

第 7 章　多媒体技术

1	2	3	4	5	6	7	8	9	10
C	B	A	C	C	A	C	C	A	C
11	12	13	14	15	16	17	18	19	20
B	D	D	B	B	D	C	D	D	A
21	22	23	24	25	26	27	28	29	30
C	D	B	A	A	B	C	D	C	D
31	32	33	34	35	36	37	38	39	40
A	A	B	A	A	D	B	D	A	B
41	42	43	44	45	46	47	48	49	50
A	C	B	C	D	D	D	C	A	A
51	52	53	54	55	56	57	58	59	60
D	B	D	D	B	D	A	C	A	D

附录B “大学计算机应用基础”期末考试模拟试题单项选择题参考答案

“大学计算机应用基础”期末无纸化考试模拟试题1

1~5 AADDB　6~10 BBCBA　11~15 CCCAB　16~20 ADBAB

“大学计算机应用基础”期末无纸化考试模拟试题2

1~5 DADDC　6~10 ACCCA　11~15 DACCC　16~20 BABAD

“大学计算机应用基础”期末无纸化考试模拟试题3

1~5 BDABB　6~10 CACAC　11~15 CDAAB　16~20 BBBCA

“大学计算机应用基础”期末无纸化考试模拟试题4

1~5 CDBDD　6~10 DBBCC　11~15 CBBAA　16~20 ACAAC

“大学计算机应用基础”期末无纸化考试模拟试题5

1~5 ACDAA　6~10 BADBA　11~15 BCACC　16~20 CACDC

“大学计算机应用基础”期末无纸化考试模拟试题6

1~5 DCCDB　6~10 ACCAC　11~15 AADAD　16~20 BAACC

“大学计算机应用基础”期末无纸化考试模拟试题7

1~5 CCCBD　6~10 DCAAA　11~15 ABAAB　16~20 CAAAC

“大学计算机应用基础”期末无纸化考试模拟试题8

1~5 CCCAC　6~10 BDBAC　11~15 DCBAB　16~20 BCAAB

附录C　全国计算机等级考试一级考试模拟试题单项选择题参考答案

全国计算机等级考试一级考试模拟试题 1

1~5 ABBAB　6~10 DDBCD　11~15 ADAAA　16~20 DCBAB

全国计算机等级考试一级考试模拟试题 2

1~5 CBCBB　6~10 DCABB　11~15 BACBC　16~20 BDADC

全国计算机等级考试一级考试模拟试题 3

1~5 DDDAC　6~10 CACCC　11~15 CBAAB　16~20 DBCAA

全国计算机等级考试一级考试模拟试题 4

1~5 CCBBA　6~10 DCBAD　11~15 AAABA　16~20 AABBD

全国计算机等级考试一级考试模拟试题 5

1~5 ACBBB　6~10 ABADC　11~15 CDCBB　16~20 ADDAC

全国计算机等级考试一级考试模拟试题 6

1~5 ABBCA　6~10 CDCAD　11~15 ABBBB　16~20 CDDCD

全国计算机等级考试一级考试模拟试题 7

1~5 ADCCB　6~10 BCABC　11~15 DDBDC　16~20 DBCDA

全国计算机等级考试一级考试模拟试题 8

1~5 CCBAA　6~10 CABAA　11~15 CADCD　16~20 BACAA